Haltung von Weißbauchpapageien

Praxisbuch für das Leben mit Grünzügelpapageien & Rostkappenpapageien

Inhalt

Im Jahr 2014 sind nach über einem Jahr intensiver Vorbereitung die beiden Rostkappenpapageien namens Erna und Oscar bei mir eingezogen. Damals bekam ich nicht das optimale Futter, viel zu großes Spielzeug und einen Kauftipp für einen zu kleinen Käfig mit an die Hand. Das waren nicht die besten Voraussetzungen für den Start in ein gemeinsames Leben. Mühsam habe ich mir die notwendigen wichtigen Informationen durch Literaturrecherche sowie aus den Tiefen des Internets herausgesucht und im Laufe der Zeit konnte ich bedingt durch die steigende Erfahrung immer weiter Verbesserungen in der Haltung durchführen. Aufgrund von Beiträgen in diversen Foren und sozialen Medien zeigt sich immer wieder, dass auch heute noch leider viel zu oft die neuen Halter von den Züchtern nicht genügend Informationen erhalten. Dadurch kommt es häufig zu Schwierigkeiten, die nicht selten darin enden, dass die wunderbaren Vögelchen wieder abgegeben werden. Dieses Buch soll den klassischen Ratgeber für Vogelhalter und meine persönlichen Erfahrungsberichte in einer praktischen Lektüre gebündelt vereinen. Dies hat für Sie den Vorteil, dass Sie nicht nur vom theoretischen Wissen profitieren sondern zusätzlich einen direkten und ungefilterten Einblick in das Alltagsleben mit den kleinen Kobolden erhalten. Dadurch wird Ihnen die Entscheidung für oder gegen die Anschaffung neuer Mitbewohner erleichtert und Einstiegsfehler werden direkt vermieden. Natürlich darf die humorvolle Seite nicht zu kurz kommen, denn diese spielt beim Zusammenleben mit den Weißbauchpapageien eine entscheidende Rolle. Da es sich um ganz besonders schöne und farbenprächtige Vögel handelt, gibt es eine ausführliche Bebilderung. Ich wünsche Ihnen viel Spaß bei der Lektüre und ein harmonisches Zusammenleben mit Ihren gefiederten Clowns.

Herzlichst

Ihre Diana Eberhardt mit Erna und Oscar

Kapitel 1

Weißbauchpapageien in ihrer Heimat

Da saß er nun in meiner Hand und schaute mich mit großen Augen an. Nach dem Motto: „Wer bist du denn?“ Um mich war es geschehen, und Oscar durfte ein paar Wochen später bei mir einziehen. Ein Entschluss, der mein komplettes Leben umkrempeln sollte. Das war mir zu dem Zeitpunkt noch nicht in den Ausmaßen bewusst.

Oscar, um wen handelt es sich eigentlich?

Zeit für etwas Theorie

Oscar ist ein Rostkappenpapagei, der zur Gattung der Weißbauchpapageien (*Pionites*) gehört.

Ordnung	Papageien (*Psittaciformes*)
Familie	Eigentliche Papageien (*Psittacidae*)
Tribus	Neuweltpapageien (*Arini*)
Größe	ca. 23 cm
Gewicht	ca. 130 – 180 g

Die Gattung der Weißbauchpapageien unterteilt sich in die Arten der Rostkappen- und Grünzügelpapageien.

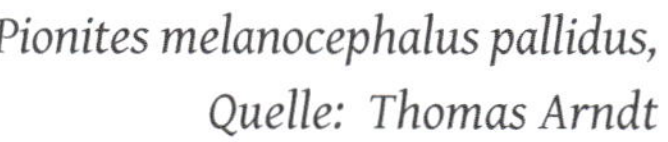

Pionites melanocephalus pallidus,
Quelle: Thomas Arndt

1.1 Rostkappenpapageien

Rostkappenpapageien in Peru, Quelle: Karl Heinz Lambert

Rostkappenpapageien (*Pionites leucogaster*)

Verbreitungsgebiet

Südlich des Amazonas in den Regenwäldern von Peru, Bolivien, Nordbrasilien und Ecuador

Nominatform

Grünschenkel-Rostkappenpapagei (*Pionites leucogaster leucogaster*) - Kuhl, 1820

Nominatform: Grünschenkel-Rostkappenpapageien, Quelle: Papageienzucht Schauberger

Unterarten

Gelbschenkel-Rostkappenpapagei
(*Pionites leucogaster xanthomeria*) - Sclater, 1858

Gelbschwanz-Rostkappenpapagei
(*Pionites leucogaster xanthurus*) - Todd, 1925

Beschreibung

Die Nominatform (Ostampelpapagei) weist an den Schenkeln, Flügeln, Unterflügeln, Rücken und dem Schwanz grüne Federn auf. Ohrendecken, Stirn, Scheitel und Nacken sind orange gefärbt. Die Unterschwanzdecke, Kopfseiten sowie die Kehle und die Zügel sind gelb. Strahlend weiße Federn finden sich an Bauch und Brust. Die Handschwingen und -decken sind blau-violett. Der Schnabel ist hornfarben und die Farbe der Füße sowie der der nackte Augenring (Haut um die Augen) ist rosa bzw. fleischfarben. Junge Rostkappen haben zum Teil schwarzes Kopfgefieder und einen gelblichen Bauch; die Augen sind anfangs dunkelbraun, welches nach einigen Monaten einem kräftigen Orange-Rot weicht. Die Iris um die Pupille herum ist von Vogel zu Vogel unterschiedlich gefärbt. Bei Erna ist diese z. B. braun-grün und bei Oscar stahlgrau. Die Geschlechter sind anhand des äußeren Erscheinungsbildes nicht zu unterscheiden.

Der Gelbschenkel-Rostkappenpapagei (Westampelpapagei) hat im Gegensatz zur Nominatform gelbe anstatt grüne Schenkel sowie dunkelgraue oder gescheckte anstatt rosafarbene Füße. Die Augenringe können ebenfalls dunkler gefärbt sein. Diese Unterform ist am häufigsten in Menschenobhut vertreten.

Beim Gelbschwanz-Rostkappenpapagei (Blassampelpapagei) sind im Gegensatz zur Nominatform die Unterschenkel und der Schwanz gelb anstatt grün.

Rostkappenpapagei in Peru, Quelle: Karl Heinz Lambert

1.2 Grünzügelpapageien

Grünzügelpapagei in Ecuador, Quelle: Gaby Schulemann-Maier

Grünzügelpapageien
(*Pionites melanocephalus*)
Verbreitungsgebiet
Nördliches Amazonasgebiet von Ostperu, Venezuela, Guayana bis Ostkolumbien
Nominatform
Grünzügelpapagei (*Pionites melanocephalus melanocephalus*) - Linnaeus, 1758
Unterart
Berlepsch-Grünzügelpapagei (*Pionites melanocephalus pallida*) - Berlepsch, 1889

Die Nominatform weist an den Flügeln, Unterflügeln, Rücken, dem Schwanz, den Zügeln sowie einem schmalen Streifen unter den Augen grüne Federn auf. Stirn und Scheitel sind schwarz gefärbt. Ohrdecken, Nacken, Hals, Schenkel, Schwanzunterseite, Steiß und Flanken sind orange. Die Kopfseiten sowie die Kehle sind gelb. Strahlend weiße Federn finden sich an Bauch und Brust. Die Handschwingen und -decken sind blau-violett. Der Schnabel ist schwarz und die Farbe der Füße sowie des nackten Augenrings (Haut um die Augen) ist dunkelgrau. Junge Grünzügel haben zum Teil einen gelblichen Bauch und einen helleren Schnabel; die Augen sind noch dunkelbraun, welches nach einigen Monaten einem kräftigen Orange-Rot weicht. Die Iris um die Pupille herum ist von Vogel zu Vogel unterschiedlich gefärbt. Die Geschlechter sind anhand des äußeren Erscheinungsbildes nicht zu unterscheiden.

Die sehr seltene Unterart, der Berlepsch-Grünzügelpapagei, unterscheidet sich von der Nominatform dadurch, dass die eigentlich orange gefärbten Gefiederpartien des Steißes und der Schenkel gelb sind.

Grünzügelpapageien im südamerikanischen Freiland, Quelle: Thomas Arndt

Grünzügelpapageien im südamerikanischen Freiland, Quelle: Thomas Arndt

1.3 Allgemeines

Verbreitungsgebiete der Weißbauchpapageien, Quelle: Thomas Arndt

Lediglich im Amazonasdelta (Rio Negro) überschneiden sich die Lebensräume der Rostkappen- und Grünzügelpapageien. Die Weißbäuche leben in der Regel paarweise und außerhalb der Brutzeit in Familienverbänden sowie kleinen Schwärmen von bis zu 30 Vögeln in Wäldern und Savannen, wo sie sich in den Baumwipfeln aufhalten und in Baumhöhlen schlafen, die sie sauber halten, um keine Fressfeinde anzulocken. Aufgrund ihrer Färbung sind die Vögel sehr gut im Kronendach des Regenwaldes getarnt und werden oft nur entdeckt, wenn sie ihre schrillen und lauten Pfiffe ertönen lassen. Dann sieht man die Vögel z.B., während sie mit Hingabe das Holz abgestorbener Palmen zerlegen oder fressen. Weißbauchpapageien lieben Bäder in den nassen Blättern der Bäume. Aufgrund der natürlichen Lebensweise im feuchten und tropischen Amazonasgebiet sollte bei der Wohnungshaltung auf eine Luftfeuchtigkeit von 55-60% geachtet werden. Beeren, Früchte, Blüten, Nektar, Knospen, halbreife und reife Samen machen die Nahrung aus. Durch Abholzungen und Rodungen sind die Bestände teilweise sehr zurückgegangen.

Die faszinierenden Papageien können in menschlicher Obhut bis zu 30 Jahre alt werden. Auffällig ist die gedrungene Statur und dass das Erscheinungsbild eines auf einer Fläche (z. B. Tischplatte) sitzenden Weißbauches dem eines Pinguins ähnelt, da dabei das Gewicht eher auf den hinteren Teil des Körpers verlagert wird.

Es gibt noch nicht so viele Erfahrungen in der Haltung von Weißbauchpapageien wie mit anderen Papageienarten, da die ersten Nachzuchten in Deutschland erst in den 70er Jahren des 20. Jahrhunderts erfolgt sind. Wir haben es also mit sehr ursprünglichen Vögeln zu tun, denen man manchmal noch die Verwandtschaft zum Archaeopteryx anmerkt... Vor allem, wenn es ums Fressen geht, denn da kennen sie keine Freunde.

Kapitel 2

Weißbauchpapageien in menschlicher Obhut

2.1 Überlegungen vor dem Kauf

Clown, Äffchen, Fledermaus oder Papagei?

Weißbauchpapageien sind die Clowns der Papageienwelt und benötigen sehr viel Aufmerksamkeit seitens ihres Halters. Wenn Sie wenig Zeit haben, sollten Sie sich nach anderen Mitbewohnern umschauen, denn es handelt sich nicht um Vögel, die nur nett aussehen, sondern sie wollen aktiv beschäftigt werden. Man sollte auch immer im Hinterkopf behalten, dass es sich im Gegensatz zu z. B. Hunden nicht um domestizierte Haustiere handelt und dementsprechend muss man ihre ursprünglichen Eigenheiten akzeptieren und auf sie eingehen. Weißbäuche sind keine Kunstflieger, sondern fliegen mit ihren kurzen Flügeln eher wie Hummeln aber sie klettern, was das Zeug hält. Deshalb darf es den „Äffchen unter den Papageien" nie an Klettermöglichkeiten wie frischen Ästen und zusätzlichen Spielzeugen fehlen. Gern wird sich irgendwo kopfüber hingehängt, sogar getobt wird in dieser Position. Apropos toben, mehrmals am Tag rollt ein Knäuel Papageien über den Tisch, das Sofa o. ä. und ist lautstark am Raufen oder es finden Wrestlingkämpfe statt. Was gefährlich aussieht, ist allerdings ganz harmlose Spielerei. Weißbäuche hüpfen sehr gern; vor allem, wenn sie zu Fuß schnell eine Strecke überwinden wollen, machen sie dies, indem sie mit beiden Beinen gleichzeitig loshüpfen und dabei mit dem Körper aufrecht bleiben, was sehr possierlich aussieht. Freudentänze werden aufgeführt, indem auf der Stelle gehüpft wird. Rostkappen und Grünzügel sind ungemein geschickt mit ihren kräftigen Füßen, die sie sehr hoch und weit ausgestreckt vom Körper halten können. Übrigens lieben es die Kobolde, sich regungslos auf den Rücken zu legen. Wer dies zum ersten Mal sieht, bekommt den Schock seines Lebens, wie letztens eine Freundin, die zu Besuch war und plötzlich kreideweiß wurde, weil sie dachte, Oscar wäre schlagartig auf dem Volierenboden dahingeschieden.

Still oder eher schrill?

Da die Burschen über ein ordentliches Organ verfügen, sollten diejenigen unter Ihnen, die zur Miete in einer Wohnung leben, vor der Anschaffung mit den Nachbarn sprechen und sich vom Vermieter die Papageienhaltung schriftlich genehmigen lassen. Ansonsten könnte es ein böses Erwachen geben, d. h. es kann sogar bis zur Kündigung der Wohnung kommen. Vor allem die schrillen Alarmpfiffe haben es in sich! Da die Tiere so stressfrei wie möglich gehalten werden müssen und eine tägliche Routine benötigen, sollten sich Schichtarbeiter den Kauf vorher gut überlegen. Tinnitus-Patienten ist aufgrund einer Kombination von schriller Tonlage und Lautstärke von der Anschaffung dieser Papageienart absolut abzuraten. Weißbauchpapageien sind keine Sprachtalente aber dafür ahmen sie täuschend echt Geräusche nach, leider auch die weniger schönen wie das Piepsen der Mikrowelle, Martinshorn, Schlagbohrmaschine, Warnton des Rauchmelders bei zu wechselnder Batterie usw.

Fledermaus oder Grünzügelpapagei? Quelle: Bianca Green

Wo bekomme ich den passenden Mitbewohner her?
Wer mit dem Gedanken spielt, einem Pärchen Weißbauchpapageien ein Zuhause zu geben, muss unbedingt darauf achten, dass die Herkunft der Tiere direkt ab Schlupf lückenlos mittels eines Herkunftsnachweises dokumentiert ist. Da es sich um eine besonders geschützte Art handelt, besteht eine Meldepflicht nach §7 Abs. 2 der Bundesartenschutzverordnung. Dies bedeutet, dass die Vögel bei der für den Artenschutz zuständigen Behörde gemeldet werden müssen. Die Meldepflicht ist für den Halter kostenlos.

Wo bekommt man am besten seine neuen Mitbewohner her? Nun, zunächst ist die Stille Post sehr angeraten, da man von den Erfahrungen (guten als auch schlechten) anderer Halter profitieren kann. Weiterhin gibt es im Internet und Fachmagazinen die Möglichkeiten, sich nach Züchtern oder Abgabetieren zu erkundigen. Oftmals kennen vogelkundige Tierärzte gute Züchter. Was zeichnet einen guten Züchter aus? Er sollte Sie auf jeden Fall hinter die Kulissen schauen lassen. Machen Sie sich Ihr eigenes Bild. Ist es dort sauber? Sehen die Vögel gesund aus? Sind die Tiere munter? Dürfen sie unter ihresgleichen aufwachsen oder sind sie in „Einzelhaft"`? Ein guter Züchter wird Sie niemals zum Kauf drängen. Er wird Ihnen eine Bedenkzeit vorschlagen und einräumen. Zudem wird er Sie nach dem zukünftigen Zuhause seiner Schützlinge fragen und wird Sie mit Informationen vollpumpen. Tests auf Viren, Parasiten/Würmer etc. sowie einen DNA-Tests wird er Ihnen zum Selbstkostenpreis anbieten. Die Herkunftsbescheinigung ist eine Selbstverständlichkeit. Ein guter Züchter wird darauf achten, dass man artengleich und gegengeschlechtlich verpartnert und auf Geschwistertiere verzichtet, also entweder jeweils einen weiblichen und einen männlichen Rostkappen- oder Grünzügelpapagei aus unterschiedlichen Gelegen ohne Verwandtschaftsgrade zusammenführt. Am Tag der Abholung wird er Ihnen eine Tüte Futter mitgeben, welches die Vögelchen gewohnt sind. Er wird Ihnen auch nach dem Kauf noch mit Rat zur Seite stehen. Und gaaaanz wichtig: Bitte achten Sie darauf, niemals Vögel zu kaufen, die noch nicht futterfest sind, denn dies bedeutet in den meisten Fällen schwere Gesundheitsschäden oder sogar den Tod der Tiere.

Um zu vermeiden, dass Sie kranke Tiere aufnehmen, bitten Sie den Züchter, noch vor Abholung des Vogels einen 5fach-Test durchführen zu lassen. Dieser beinhaltet die Untersuchung auf Chlamydien (Psittakose/Papageienkrankheit) und die vier Viruserkrankungen Borna (PDD, Drüsenmagendilatation), PBFD (Schnabel- und Federkrankheit), Pacheco (Herpes) und Polyoma (APV, Rennerkrankheit/Französische Mauser). In diesem Zusammenhang bitte darauf achten, dass Ihnen das schriftliche Resultat eines DNA-Tests ausgehändigt wird, denn nur durch einen Test oder eine Endoskopie (Check der inneren Organe) kann das Geschlecht eindeutig bestimmt werden. Die einfachen Geschlechtstests aus der Feder liefern nicht immer sichere Ergebnisse.

In meinem Buch werden Sie von mir persönlich keine Ratschläge zur Zucht, deren Vorbereitung und Aufzucht der Küken erhalten, da ich der Meinung bin, dass dies in erfahrene Hände gehört. Durch Unwissenheit kann sehr viel schiefgehen und im schlimmsten Fall bezahlen die Tiere mit dem Leben. Deshalb greift die vogelkundige Tierärztin und Züchterin Carina Anthonj dieses Thema in einem gesonderten Kapitel auf.

Weißbäuche und andere Vögel, geht das?

Halten Sie niemals Weißbauchpapageien zusammen mit anderen Papageienarten oder Sittichen. Dies wird in der Regel aufgrund des aggressiven und territorialen Verhaltens der Weißbäuche nicht funktionieren. Bitte unbedingt in getrennten Räumen halten. Sollten Sie ne-

Zufriedener Grünzügelpapagei in der Außenvoliere, Quelle: Janina und Meik Mees

beneinander stehende Volieren besitzen, müssen Sie z. B. durch eine doppelte Verdrahtung oder eine Acryl-/Edelstahlplatte zwischen den Volieren verhindern, dass mit dem Schnabel hindurchgegriffen und evtl. eine Zehe abgebissen werden kann. Ebenfalls muss sichergestellt sein, dass alle Tiere täglich mehrstündigen ausgiebigen Freiflug bekommen und intensiv beschäftigt werden. Bereits vorhandene Vögel müssen vor dem Einzug der Weißbäuche auf die zuvor genannten gängigen Viren getestet werden, denn Papageien und Sittiche tragen möglicherweise das PBFD-Virus in sich, und obwohl es bei ihnen evtl. nicht ausgebrochen ist, können die Tiere dennoch die neuen Mitbewohner anstecken. In der Regel hält man Weißbauchpapageien als gegengeschlechtliche Paare. Eine Schwarmhaltung wird nur möglich sein, wenn ausreichend Platz zur Verfügung steht, also wirklich große Volieren, die man nicht mit normalen Zimmervolieren vergleichen kann. Allerdings besteht dann dennoch das realistische Risiko, dass zumindest während der Brutzeit die Paare aufgrund von Aggressionen getrennt werden müssen.

2.2 Kleine „Gebrauchsanleitung für Weißbauchpapageien“

Körpersprache lernen? Auf jeden Fall!

Ihre neuen Mitbewohner verstehen sich ausgezeichnet im Lesen der Körpersprache ihrer Menschen. So werden Sie vielleicht überrascht sein, wenn die sonst so lieben Vögelchen aus dem Nichts heraus für Sie als Halter unliebsamen und unsympathischen Besuch attackieren. Wenn Sie solche Besucher einladen, dann lassen Sie Ihre Vögel in der Zeit im Vogelzimmer oder in der Voliere. Wer mit schlechter Laune nach Hause kommt, sollte darauf gefasst sein, dass die Weißbäuche ebenfalls nicht bester Dinge sein werden. Erst wenn Sie wieder auf „Normaltemperatur“ laufen, sind Ihre Mitbewohner auch wieder entspannt. Ebenfalls merken Ihre Kobolde ganz schnell, dass Sie sich teilweise das Lachen verkneifen müssen, wenn sie mal wieder Blödsinn gemacht haben, für den sie eigentlich keinen Beifall verdienen. Dies wird als Aufforderung genommen, weiterzumachen.

Blödsinn jeder Art wird oft von einem freudigen Schnarren begleitet. Dieses Geräusch ist typisch für Weißbauchpapageien. Wundern Sie sich also bitte nicht über diese ungewohnten Töne. Je nach Freude variiert die Lautstärke des Schnarrens. Besonders oft hört man es, wenn den Vögelchen das Futter richtig gut schmeckt, z. B. wenn Leckereien angeboten werden. Ist das Schnarren allerdings etwas tiefer von der Stimmlage her und der Vogel steht sehr aufrecht und angespannt da, dann bedeutet das Geräusch große Aufregung, z. B. bei einem unvorhergesehenen Ereignis, das noch nicht eingeschätzt werden kann.

Melodien für Weißbäuche

Vorteilhaft ist es, wenn Sie von Anfang an Ihre Vögel mit einem speziellen Kontaktpfiff begrüßen. Denken Sie sich einen Pfiff aus, der Ihnen gefällt, möglichst kurz und von der Tonfolge her absteigend. Warum sollte man dies tun? Nun, irgendwann werden Ihre Vögel mal im Nachbarraum sein, z. B. wenn Sie kochen. Bevor das große Geschrei losgeht, weil die armen Geschöpfe „weggesperrt“ sind, kann mit diesem gefälligen Ton hin und her kommuniziert werden, ohne dass ein unerträglicher Geräuschpegel einsetzt.

Bestrafung?

Die neugierigen und hyperaktiven Clowns stellen eine Menge an Dummheiten an. Bitte niemals aktiv bestrafen, denn dies verstehen unsere Vögelchen nicht. Es wird leider immer noch der veraltete und längst überholte Ratschlag gegeben, dass Tiere wegen Beißens oder Schreiens zur Strafe in die Voliere gesetzt werden sollen, wo sie dann hinter verschlossener Tür verharren müssen, eventuell sogar noch abgedunkelt. Das darf auf gar keinen Fall gemacht werden! Die Voliere ist ein sicherer Rückzugsort für die Weißbäuche und soll dies zeitlebens bleiben. Dass unsere Vögel nicht geschlagen werden und auch keine Gegenstände nach Ihnen geworfen werden, ist selbstverständlich. Vögel sind soziale Schwarmtiere, die sehr viel Aufmerksamkeit benötigen. Wenn ein für Sie ungewolltes Verhalten gezeigt wird wie z. B. Beißen, dann ignorieren Sie ihren Weißbauch bitte einfach. Sie entziehen ihm in diesem Moment die benötigte Aufmerksamkeit. Das reicht und ist aus Vogelsicht das Schlimmste, was es gibt.

Pin Eyes: Äußerste Vorsicht ist geboten!, Quelle: Bianca Green

Achten Sie immer auf die Pupillen Ihrer Lieblinge! Sie sind sozusagen ein Stimmungsbarometer. Sind die Pupillen winzig klein zusammengezogen (Pin Eyes) und herrscht hauptsächlich das Orange in den Augen vor, ist absolute Obacht geboten. Hinzu kommt meist noch ein steifer Gang (Stalking) und Aufplustern auf die doppelte Körperbreite. Wenn es ganz extrem ist, werden auch noch die Flügelchen ausgebreitet. Finger, Nase und andere Körperteile sind bei sich zu behalten und erst mal Ruhe einkehren lassen. Ansonsten haben Sie Ihren Vogel schmerzhaft an sich hängen. Hängen? Warum hängen? Nun, weil Weißbäuche als die Bullterrier unter den Papageien gelten. Sie beißen nicht einfach zu, nein, sie beißen sich fest und lassen nicht mehr los. Glauben Sie mir, diese Erfahrung möchten Sie nicht allzu oft in Ihrem Leben machen. Sie sollten Ihren Weißbauch auch besser niemals „über die Uhr drehen“, also beim Spiel zwischen Vogel und Halter nicht zu sehr aufdrehen und Ihren Liebling aufregen, denn dies endet darin, dass er in einen wahren Rausch gerät und Sie eine Wunde davontragen. Weißbäuche benötigen viel Freiflug und sehr viel körperliche wie geistige Beschäftigung, damit sie ausgelastet und ausgeglichen sind. Bitte stellen Sie sich vor dem Kauf darauf ein, dass Sie an dieser Stelle gefordert werden, diese Bedürfnisse täglich zu erfüllen. Weißbauchpapageien sind eine der am schwierigsten zu haltenden Arten. Bitte unterschätzen Sie dies nicht und lassen sich nicht vom niedlichen Aussehen der Clowns blenden. Leider sind die Weißbäuche momentan zu wahren Modevögeln geworden, die ohne vorherige Recherche unüberlegt gekauft und genauso schnell dann wieder abgegeben werden. Das haben diese liebenswerten Lebewesen nicht verdient. Bitte nehmen Sie unbedingt Abstand von der Anschaffung, wenn Ihre Familienplanung noch nicht abgeschlossen ist. Man liest und hört immer wieder, dass einige Weißbauchpapageien eifersüchtig auf später geborene Babys sind, dies durch Beißen und Schreien äußern und dann ebenfalls abgegeben werden. Sie merken, es handelt sich um hochsensible Tiere, deren Anschaffung reichlich durchdacht sein muss und hinter der alle Familienmitglieder stehen müssen.

Apropos beißen: Normalerweise beißt kein Vogel ohne Grund. Wahrscheinlich sind sie ihm zu nahe getreten, haben den persönlichen Bereich unterschritten, haben ihn bedrängt oder ihn zu etwas aufgefordert, worauf er im Moment absolut keine Lust hat. Wenn ihr Papagei gerade ausruhen möchte, ist es der absolut schlechteste Zeitpunkt, ihn zum Training aufzufordern. Achten Sie extrem auf die Körpersprache, wie weiter oben bereits angesprochen. Im Laufe der Zeit lernen Sie Ihren gefiederten Freund zusehends besser kennen und können selbst die feinsten Signale lesen.

Über Sturköpfe und Granitschädel

Weißbauchpapageien sind die größten Sturköpfe, die es gibt. Wenn sie etwas nicht wollen, dann wollen sie es nicht! Basta! Zwingen Sie Ihre Mitbewohner nicht, z. B. auf einen Stock oder die Hand zu steigen, wenn sie es sich momentan aber lieber auf dem Fenstersitz gemütlich gemacht haben und herausschauen. Die kleinen

Granitschädel kann man nur überlisten, indem man sie ablenkt. Das sagt sich leicht, denn manchmal muss es schnell gehen, man ist in Eile und der Vogel will nicht so wie man es will. Sie selbst geraten in Hektik, der Vogel merkt dies und klammert sich noch fester an den Freisitz, kneift vielleicht sogar noch die Augen ein wenig zusammen, und wenn Sie ganz genau hinhören, meinen Sie, ein verhaltenes leises Kichern zu hören. Finden Sie heraus, woran Ihr Liebling viel Spaß hat oder auf was er mit Neugierde reagiert und lenken ihn dann im Ernstfall damit ab. Ruckzuck sitzt er freiwillig auf Ihrer Hand oder fliegt auf Ihre Schulter. Bitte nicht mit Leckerchen locken, denn die schlauen Ganoven nutzen das dann innerhalb kürzester Zeit aus, weil sie wissen, dass es eine Belohnung gibt, wenn sie sich weigern, etwas zu tun, was von ihnen verlangt wird. Denken Sie einfach über den Tellerrand hinaus und suchen Sie nach Alternativen. Hier ein konkretes Beispiel, wie es immer mal wieder vorkommt: Oscar saß im Esszimmer auf dem großen rollbaren Freisitz und da ich kochen wollte, sollte er mit Erna ins Wohnzimmer. Erna ist brav auf meinen Finger geklettert, aber Oscar hat sich tot gestellt und mich komplett ignoriert. Anstatt darauf zu bestehen, dass er auf meine Hand kommt, was dazu geführt hätte, dass sich die Situation immer weiter hochgeschaukelt und in Aggressionen seitens Oscar geendet hätte, habe ich ihn kurzerhand mitsamt Freisitz ins Wohnzimmer gerollt. Schon hatte der kleine Kerl wieder gute Laune und fand das Ganze sogar total spaßig. Dieses Beispiel soll Ihnen zeigen, dass man auf verschiedenen Wegen zum Ziel kommt. Es soll aber nicht heißen, dass die Vögel tun und lassen können, was sie wollen, sondern dass es Situationen gibt, in denen man mit Fingerspitzengefühl vorgehen muss. Sie sehen, es ist eine Gratwanderung aber niemand sagt, dass die Haltung von Weißbauchpapageien einfach ist...

Grünzügelpapagei Jungtier, Quelle: Janina und Meik Mees

Vertrauen ist die Basis des Zusammenlebens

Bitte immer im Hinterkopf behalten, dass die Voliere das Zuhause und die Zuflucht Ihrer neuen Mitbewohner ist. Dies müssen Sie ebenfalls beachten, wenn Sie das Vertrauen gewinnen wollen. Ist Ihr Weißbauch noch nicht zahm oder zeigt er Ihnen deutlich, dass es ihm unbehaglich ist, wenn Sie mit den Händen in seine Voliere langen, dann lassen Sie dies bitte bleiben. Reinigen Sie die Voliere in diesem Fall nur, wenn sich der Vogel nicht darin befindet. Ist Ihr Weißbauch noch sehr scheu, dann öffnen Sie die Volierentür und setzen sich mit einem Stuhl davor. Schauen Sie ihn nicht an, denn das würde ihn verunsichern oder bedrängen (Greifvögel fixieren ihre Beute mit Blicken). Lesen Sie ein Buch mit ruhiger Stimme vor. Hören Sie entspannte Musik. Legen Sie einen besonderen Leckerbissen in die geöffnete Tür oder auf Ihren Oberschenkel. Es kann sein, dass Sie dies mehrere Tage lang durchführen müssen, aber Sie haben ja Zeit. Bedenken Sie, Vertrauen zu gewinnen ist schwieriger als es zu verlieren, und wenn es einmal verloren ist, wird es mühsam, bis Ihr Weißbauch sich wieder auf Sie einlässt. Auf gar keinen Fall hungern lassen und nur aus Ihrer Hand füttern wie einige Personen dies vorschlagen. Das Tier zu zwingen, zu Ihnen zu kommen, um sein Grundbedürfnis der Nahrungsaufnahme zu stillen, ist strafbare Tierquälerei. Irgendwann wird der Vogel merken, dass von Ihnen keine Gefahr ausgeht und die erste Kontaktaufnahme wird erfolgen. Wahrscheinlich wird dies so aussehen, dass er Sie mit dem Schnabel berührt. Bitte auf gar keinen Fall ängstlich zurückzucken. Weißbäuche sind sehr schnabelbetonte Vögel. Im englischsprachigen Raum nennt man dies „beaky birds“. Sie untersuchen alles zuerst mit dem Schnabel und knabbern gern. Keine Angst, Papageien können ihre Kraft ganz genau dosieren. Nun wird es nicht mehr lange dauern und Ihr kleiner Schatz wird zum ersten Mal auf Ihren Finger steigen.

Stöckchentraining... Nicht nur für Hunde

Ich habe Erna und Oscar beigebracht, sowohl vorwärts als auch rückwärts auf die Hand auf- und von der Hand abzusteigen. Dies ist in verschiedenen Situationen eine Vereinfachung. Bitte gewöhnen Sie Ihren Vogel ebenfalls daran, sich auf Kommando auf einen Stock zu setzen, den Sie ihm hinhalten. Warum? Nun, manchmal landen die Weißbäuche ganz oben auf dem Regal oder Schrank und mit einem Stock kann man sie bestens erreichen. Dann dürfen wir nicht aus den Augen lassen, dass nicht wenige Weißbäuche dazu neigen, bei Erreichen der Geschlechtsreife aggressiv zu werden. Aus dem niedlichen kleinen Knuddelvögelchen wird ein „Raubvogel“. Sollte z. B. während der Brutzeit (Brutzeit ist Wutzeit!) Ihre Hand attackiert werden, lassen Sie den kleinen Kämpfer einfach auf den Stock klettern. Brutzeit? Keine Angst, es heißt nicht automatisch, dass Ihre Vögel Nachwuchs bekommen müssen. Falls Eier gelegt werden, tauschen Sie diese bitte sofort jeweils gegen im Handel erhältliche Kunststoff- oder Gipseier aus, wenn Sie nicht züchten möchten. Niemals die Eier ersatzlos wegnehmen, denn ansonsten wird immer weiter nachgelegt und somit steigt die Gefahr der Legenot und des Legezwangs. Nach einiger Zeit wird der Vogel die Lust am künstlichen Gelege verlieren und Sie können die Eier dann wieder entfernen. Des weiteren ist es von Vorteil, wenn Ihre Vögel Kommandos wie „Nein“, „Komm“ sowie „Auf“ und „Ab“ für das Auf- und Absteigen und das lobende „Brav“ kennen. Sie können die Palette erweitern, denn Ihre Weißbäuche sind schlau genug, um diese zu verstehen und umzusetzen. Am besten benutzen Sie in den entsprechenden Situationen immer dasselbe Kommando/Wort.

Ein paar Worte möchte ich noch über das Training verlieren. Sie können ihrem Vogel kleine Kunststücke beibringen wie „Um-die-eigene-Achse-drehen“, aber auch das Üben, auf einen Stock zu steigen – wie vorher beschrieben –, zählt bereits zum Training. Es ist wichtig, dass lediglich kurze Sequenzen durchgeführt werden, und nur, wenn Ihr Liebling wirklich Lust dazu hat. Ich trainiere maximal 10 Minuten am Stück. Und ganz wichtig ist das Loben! Loben, loben, loben und nochmals loben! Zusätzlich kann als Belohnung ein kleines Leckerchen gereicht werden. Ich trainiere mit Stimme, Gesten und Berührungen, weil ich dadurch eine direkte Ansprache habe und innerhalb von Sekundenbruchteilen reagieren kann. Falls man allerdings Vögel hat, die nicht zahm oder sehr bissig sind, sollte sich über das sogenannte „Clickertraining“ informieren.

2.3 Vergesellschaftung

Wer ein waschechtes Schwarmtier ist, möchte natürlich nicht allein sein Dasein mit dem Menschen fristen. Das gilt auch für den kleinen Oscar. Also ist eine wunderschöne Rostkappendame namens Erna eingezogen. Ja, richtig gelesen. Erna, wie Erna in „Erna kommt“. Die älteren Semester unter Ihnen werden sich noch an das Lied von H. E. Balder erinnern. In diesem Fall ist der Name Programm und hätte nicht besser ausgesucht werden können. Wenn Erna einen Plan hat, setzt sie ihn direkt um, ohne Rücksicht auf Verluste oder auf einen eventuell im Weg stehenden Oscar, der kurzerhand über den Haufen gerannt wird. Typisch Weißbauch!

Geglückte Vergesellschaftung, Quelle: Diana Eberhardt

Theorie

Wie funktioniert die Vergesellschaftung?

Am einfachsten ist es, wenn man vom Züchter direkt zwei junge gegengeschlechtliche Tiere erhält, die nicht miteinander verwandt sind. Wenn dies nicht möglich ist, sorgen Sie bitte dafür, dass Sie schnellstmöglich von einem anderen Züchter einen Partner für Ihren gefiederten Mitbewohner bekommen. Recherchieren Sie ein wenig, denn vielleicht sucht ein einsames Vögelchen aus dem Tierheim oder aus einer Auffangstation ein neues Zuhause. Auch hier ist unabdingbar, dass noch vor der Abholung die gängigen Virentests negativ bestanden wurden. Bitte lassen Sie sich den Geschlechtsnachweis per DNA-Test vorzeigen. Die Tiere sollten in etwa im selben Alter sein. Bitte niemals bereits geschlechtsreife Tiere mit Jungtieren vergesellschaften. Einige Züchter bieten die Vergesellschaftung in deren Räumlichkeiten an, d. h. Sie bringen Ihren Vogel dorthin und er darf sich vor Ort seinen Partner selbst aussuchen. Dies kann unter Umständen bis zu einigen Wochen dauern. Wenn Sie die Vergesellschaftung bei sich daheim durchführen, dann richten Sie bitte direkt vor dem Einzug des neuen Tieres die Voliere oder das Vogelzimmer komplett neu ein. Auch die sich in Ihrer Wohnung befindlichen Freisitze und Spielmöglichkeiten müssen ausgetauscht werden. Hintergrund ist, dass dem bisherigen Einzelvogel, der das Zuhause als sein Revier betrachtet, das „Oberwasser" genommen wird. Auch er soll sich neu orientieren, genau wie sein Spielkamerad, für den alles fremd ist. Ich bin so vorgegangen, dass Oscar den alten kleineren Käfig behalten hat, ich diesen aber anders ausgestattet habe. Erna hat dann den neuen, größeren Käfig erhalten, in den beide später gemeinsam einziehen sollten. Dadurch sind die Revieransprüche des „alteingesessenen" Oscars weggefallen. Beide Käfige standen ca. einen Meter voneinander entfernt. Man sollte beide Vögel am ersten Tag in ihren Käfigen lassen, damit sie sich aus der Ferne sozusagen beschnuppern und Kontakt aufnehmen können. Freiflug gibt es dann gemeinsam, also entweder beide oder keiner. Bitte den Freiflug in dieser Phase immer beaufsichtigen! Während des Freiflugs können sich die Tiere aus dem Weg gehen, sich aber auch gegenseitig annähern, wenn ihnen der Sinn danach steht. Weiterhin haben beide Vögel getrennte Käfige. Irgendwann werden Sie Ihre zwei Weißbauchpapageien gemeinsam in einem der Käfige vorfinden. Lassen Sie beide Käfige geöffnet. Wenn die Vögel ihre Nächte gemeinsam in einem der Käfige verbringen möchten, lassen Sie es zu. Nach ein paar Tagen können Sie dann den überzähligen Käfig entfernen. Nun haben Sie zwei glückliche Weißbäuche, die Ihnen gemeinsam viel Freude bereiten werden. Wenn Ihre Vögel nach ca. 3 Jahren geschlechtsreif werden und Sie feststellen, dass bei einem oder beiden ein paar schöne grüne Federn im Nacken fehlen und nur noch der graue Flaum herausguckt, dann machen Sie sich keine Sorgen. Es handelt sich um die sogenannte „Liebesglatze", d. h. Ihre Papageien lieben sich gegenseitig so sehr, dass sie beim gegenseitigen Putzen ein paar Federn herausziehen. Dies ist ein ganz normales Verhalten und schadet nicht, außer, dass es für‘s Menschenauge nicht schön aussieht. Sie werden auf dem einen oder anderen Foto beim Oscar sehen, dass Erna in seinem Nacken tätig war. Diese Liebesglatze ist klar vom Rupfen abzugrenzen, bei dem sich die Vögel

Zwei, die sich gern haben, Quelle: Bianca Green

aus Frust oder Krankheit die Federn herausziehen. Letzteres ist unbedingt ein Fall für den vogelkundigen Tierarzt.

Ein kleiner Ratschlag am Ende dieses Kapitels: Spielen Sie Ihren Tieren unterschiedliche Musikrichtungen vor und beobachten Sie deren Wirkung. Erna und Oscar entspannen fast schlagartig, wenn sie ruhige Klaviermusik hören. Dies ist in unruhigen Situationen oder wenn sie „runterfahren" sollen sehr hilfreich.

PRAXISTIPP

Es empfiehlt sich, von Anfang an klare Regeln aufzustellen und diese konsequent einzuhalten. Ansonsten gibt es, spätestens mit dem Erreichen der Geschlechtsreife, sehr große Probleme. Weißbauchpapageien versuchen immer wieder, die Anführer in Ihrem Haushalt zu sein, was von vornherein mit ruhiger Art unterbunden werden sollte.

Kapitel 3

Kobolde halten Einzug

Trecker kurz vor dem Absturz, Quelle: Diana Eberhardt

Wer den Schaden hat......

Der Einzug von Erna und Oscar bedeutete für diverse Nippesfiguren den qualvollen Tod durch Herabstürzen aus den Regalen, der lautstark kommentiert wurde. Nach dem Motto „Halali, das Porzellan ist gefallen!“. Je lauter das Zerschellen, umso freudiger und ausgiebiger wurde dieses gefeiert. Zur Krönung imitierte Erna dann oft noch mein Kichern. Ade, meine geliebte 50er-Jahre-Sammlung; die Trennung war unausweichlich. Meine kleinen Vasen, Figürchen, Modellautos.... All dies fand keine Gnade in den Augen meiner gefiederten Mitbewohner. Stattdessen bevölkern nun Vogelspielzeuge die Ablagen. Keine Ahnung, wo die auf einmal alle herkommen! Es findet nach und nach in meinem Haushalt eine Invasion der Spielzeuge statt, gegen die ich mich nicht wehren kann. Wo bei anderen Leuten Sammelkrüge oder Kunstblumen prunken, findet man in meiner Wohnung zum Beispiel komplette Sammlungen an Pinien- und Kiefernzapfen, naturbelassene kleine Bälle aus Weide, Bambus, Gräsern usw. Man wird erfinderisch.

Wer bei mir genauer hinschaut, dem fallen wiederverwendbare Kabelbinder an den Bistro-Gardinenstangen auf. Sieht wirklich sehr stilvoll aus... Erna und Oscar macht es nämlich einen Riesenspaß, die Gardinenstangen aus den Halterungen zu heben und lauthals krähend zuzuschauen, wie die Stangen mitsamt der Gardinen nach unten rauschen.

Das Lös-die-Klingelabdeckung-von-der-Klingel-über-der-Wohnungstür-Spiel hat das Gardinenstangenspiel nahtlos abgelöst. Es scheppert ja auch gleich viel lauter, wenn ein Plastikteil aus dieser Höhe auf den Boden fällt. Die Bohrmaschine musste bemüht werden, um ein kleines Loch in den Rand der Abdeckung zu bohren. Fix ein kurzes Sisalband durchgezogen und an der Befestigungsschraube der Klingel festgeknotet. Jetzt findet man zwar öfter eine über der Wohnungstür baumelnde Klingelabdeckung vor, aber zumindest fällt diese nicht mehr auf den Boden!

Ein weiterer Spaß ist es, Bilder von den Wänden abzuhängen. Diese Aktionen sind nicht ganz ungefährlich, wenn es gerahmte Bilder mit Glasscheibe sind und recht unschön, wenn es sich um Keilrahmenbilder handelt, die ganz gern eine Beule davontragen. Ich böser Spielverderber habe als Abhilfe alle Bilder und Uhren mit Winkeln an den Wänden befestigt. Es gibt wirklich nichts, was Weißbäuche nicht hinbekommen! Wenn Sie einem Pärchen ein Zuhause gewähren möchten, dann sollten Sie sich darauf einstellen, dass in Ihrem Haushalt nichts mehr so sein wird wie vorher und dass Sie in Ihren eigenen vier Wänden nur noch geduldet sind.

Seit ein paar Monaten schaffen die beiden Tüftler es, Schubladen und kleine Schranktüren zu öffnen. Ja, Sie haben richtig gelesen. Wenn sich ein Weißbauchpapagei etwas in den Kopf gesetzt hat, dann arbeitet er so lange hartnäckig daran, bis er es schafft.

Versuche, Dummheiten mit einem beherzten „NEIN“ zu unterbinden, funktionieren nur bedingt. Beide

Senkrecht an Blechschildern zu landen ist kein Problem, Quelle: Diana Eberhardt

wissen zwar, was damit gemeint ist. Erna hört spätestens beim zweiten „Nein", aber Oscar kneift nur die Augen zusammen und wiederholt die Dummheiten dann erst recht. Der Sturschädel! Von Erna kommt ein Kichern.

Meine Fensterscheiben sind übrigens von innen schmutziger als von außen und müssen täglich feucht abgewischt werden. Beide lieben es nämlich, ihre Obststückchen durch die Gegend zu schleppen und an den Fenstersitzen zu vertilgen. Sich nach dem Baden dort

Diesem Grünzügelpapagei sitzt der Schalk im Nacken, Quelle: Bianca Green

ausgiebig zu schütteln, ist Standard. Wie oft habe ich entweder labberige oder verbrannte Toasts bekommen, weil die Clowns das Rädchen am Toaster verstellt haben. Den Toaster an sich muss ich mit einem schweren Schneidebrett abdecken, weil sie dermaßen neugierig sind, dass die Köpfe in den Schlitzen verschwinden, um zu schauen, was sich im Inneren des Gerätes befindet, und das ist viel zu gefährlich. Der Schalter am Wasserkocher wird auch sehr gern bedient. Dies ist u. a. der Grund, weshalb ich an allen Geräten schaltbare Steckdosen zwischengeschaltet habe. Alle Kabel sind mittels Kabelkanälen gesichert.

Mittlerweile sind Erna und Oscar gewitzt genug, dass weder Tetrapacks noch Folien ein Problem darstellen, um an die begehrten Inhalte zu gelangen. Gefrierdosen öffnen meine gefiederten Ganoven übrigens in Teamwork. Der eine drückt die Dose gegen die Wand und der andere hebelt dann den Deckel auf. Obst muss im Kühl- oder Vorratsschrank verschwinden und darf nicht mehr im Obstkorb liegen. Dieser ist zu einem Weißbauchspielkorb mutiert. Jedes, aber auch wirklich jedes Stück Obst wurde mittels Schnabelprobe einer Qualitätskontrolle unterzogen.

Manch einer wunderte sich anfangs über den Schraubendreher im Wohnzimmer. Ich dachte, ich wäre schlau und würde die Fernbedienungen unerreichbar unter einem Sofakissen verstecken. Nun ja, ich hätte es vorher wissen müssen. Für Weißbäuche ist nichts unerreichbar! Tja, die Fernbedienungen wiesen einen seltsamen Schwund an Knöpfen auf, so dass ein Programm- oder Lautstärkewechsel nur noch mit Hilfsmitteln möglich gewesen ist. Mittlerweile habe ich ein besseres Versteck gefunden. Ebenso verhält es sich mit der Computertastatur, aus der einige Tasten „verschwinden". Also gibt es eine Ersatztastatur, um Tasten gezielt ersetzen zu können.

Bei Erna und Oscar leidet mein Partner darunter, dass die Kobolde ihm immer die Brille von der Nase klauen. Entweder ist er gezwungen, halb blind durch die Wohnung zu tapsen oder wird penetrant von den „Plagegeistern" belagert, die nur auf eine Gelegenheit warten, um an das Objekt der Begierde zu gelangen. Erna hat es eines Tages mittels eines beherzten Bisses innerhalb von Sekundenbruchteilen geschafft, einen Brillenbügel aus Titan mit Leichtigkeit zu zerbeißen.

Besucher müssen schon eine spezielle Art von Humor mitbringen, wenn sie sich hier wohlfühlen wollen. Wie meinte letztens eine liebe Besucherin: „Du wohnst in einem großen Vogelkäfig!". Nun, nach einigem Überlegen musste ich zugeben, dass ein Quäntchen Wahrheit in ihren Worten liegt.

PRAXISTIPP

Da Weißbauchpapageien aufgrund der hohen Aufnahme an Frischkost (Obst und Gemüse) oftmals etwas dünnflüssigeren Kot absetzen, empfiehlt es sich, unter den Lieblingsplätzen außerhalb der Voliere Küchenrolle oder Zeitung auszulegen. Dies vereinfacht das lästige Putzen.

Kapitel 4

Luft und Sonne bei Wohnungshaltung

Frische Luft auch im Winter, Quelle: Diana Eberhardt

4.1. Fenstergitter

Ist solch ein Fenstergitter wirklich nötig?
Dass es hier wie in einem großen Vogelkäfig aussieht, mag zum Teil auch daran liegen, dass sich in jedem Raum mindestens ein vergittertes Fenster befindet. Auf Besucher wirkt das sicherlich sehr befremdlich. Aber für den passionierten Vogelhalter ist Optik im eigenen Zuhause sowieso eher nebensächlich. Hauptsache, die gefiederten Lieblinge fühlen sich wohl und bleiben gesund. Moment mal... Fenstergitter? Wofür braucht man denn so etwas? Nun, das sind zwar hässliche, aber ganz praktische Teile. Zum einen verhindern sie das Fortfliegen der geliebten Schätze. Vor der Zeit der Gitter hatte ich an den Türklinken gebastelte Anhänger aus Holz, die darauf hingewiesen haben, dass in dem Raum das Fenster offen ist, um zu verhindern, dass einer der beiden entfleucht. Die Gitter vereinfachen das Alltagsleben enorm! Es kann gelüftet werden, wenn man meint, dass der Sauerstoffgehalt doch eher Richtung Vakuum geht und muss keine Rücksicht darauf nehmen, ob die Herrschaften denn bereit sind, ein paar Minuten in ihrem Knast (Voliere, bei uns auch „Sing Sing“ genannt) auszuharren. Genauso wichtig wie frische Luft ist auch die Zufuhr von ungefiltertem direktem Sonnenlicht. Dazu wird das Fenster geöffnet und fix eine Sitzstange am Gitter befestigt. Das Paradies ist perfekt, wenn sich dann auch noch ein Spielzeug dazugesellt, um das man sich prima streiten kann. Ein ganz beliebtes Spielchen ist es übrigens, den Passanten hinterher zu pfeifen. Beide beherrschen es in einer Perfektion sondergleichen. Nicht wenige Spaziergänger schauen sich erstaunt nach dem vermeintlichen Bewunderer um, der so aufdringlich auf sich aufmerksam machen möchte. Übrigens hält auch die Kälte im Winter Erna und Oscar nicht davon ab, mehrmals am Tag wenigstens für jeweils eine kurze Zeit die frische Luft zu genießen.

Theorie
Meiner Meinung nach verwendet man für das Fenstergitter am einfachsten einen Alu- oder Edelstahlrahmen, an dem entweder Esafort- oder Edelstahldraht befestigt wird. Holzkonstruktionen würden den fleißigen Schnäbeln meiner Lieblinge nicht lange standhalten. Die Drahtgröße bei Esafortdraht ist 19 x 19 x 1,45 mm beziehungsweise 19 x 19 x 1,6 mm bei Edelstahldraht. Es gibt einige Züchter, die eine Verdrahtung von 25 x 25 mm oder 25 x 50 mm bevorzugen. Um Vergiftungen zu vermeiden, habe ich kein verzinktes Befestigungsmaterial gewählt, sondern Schrauben, Muttern, Unterlegscheiben usw. aus Edelstahl. Dies hat den zusätzlichen Vorteil, dass sich kein Rost ansetzt.

Warum ist die ungefilterte Sonne so wichtig? Nun, der Körper ist nur durch den Einfluss der Sonnenstrahlen dazu in der Lage, den Stoffwechsel zu optimieren und das notwendige Vitamin D_3 zu bilden. Unsere Vögel haben zudem eine Besonderheit, dass sie Farben im UV-Bereich sehen können, wodurch das in unseren Augen zwar bunte, aber recht unspektakuläre Gefieder in den schönsten Farben schillert. Leider bleibt uns diese Farbfülle verwehrt.

4.2 Künstliches Sonnenlicht

Die vielen positiven Faktoren der direkten Sonneneinstrahlung können in der Wohnung auch mit speziellen UV-Lampen erreicht werden. Es gibt Studien, die aufzeigen, dass diese angeblich nur innerhalb der ersten 30 cm unter der Lampe wirken sollen und – seien wir mal ehrlich – wer hängt nicht lieber in guter alter Ruhrpott-Manier am offenen Fenster ab als unter einer Lampe zu hocken? Für denjenigen, der allerdings keine Möglichkeit hat, die Vögel in den Genuss der Sonne zu bringen, und während der dunklen Jahreszeit sind die Lampen in meinen Augen eine sinnvolle und notwendige Ergänzung. Bitte achten Sie darauf, dass Sie auf spezielle Vogel-UV-Lampen zurückgreifen. Diese müssen flackerfrei mit einem elektronischen Vorschaltgerät (EVG) ausgestattet sein. Sie können zwischen Sonnenspots wählen, die nur eine bestimmte Stelle bestrahlen oder kompletten Leuchtstoffröhren. Optimal ist eine Kombination aus beiden Varianten. Ganz wichtig ist auch, dass die Leuchtmittel in regelmäßigen Abständen ausgetauscht werden müssen, da die Wirkung mit der Zeit nachlässt. Bei den von mir verwendeten Produkten ist ein jährlicher Wechsel nötig. Lassen Sie sich bitte im Fachhandel genau beraten. Wer die Möglichkeit hat, sollte seinen Tieren eine Außenvoliere bieten, in der sie sich stundenlang tummeln können. Ein Aufenthalt in einem Transportkäfig, der teilweise gegen die Sonne geschützt ist, bietet ebenfalls eine schöne Möglichkeit, den Schätzen etwas Gutes zu tun.

Abendstimmung am offenen Fenster, Quelle: Diana Eberhardt

PRAXISTIPP

Am preisgünstigsten werden Fenstergitter gebaut, indem man den Alurahmen von im Handel erhältlichen Insektenfenstern als Grundkonstruktion verwendet und daran das Gitter befestigt.

Farbenpracht im idealen Licht, Quelle: Janina und Meik Mees

Kapitel 5

Schlafverhalten

Mit einem Kistenverschluss gesicherte Schlafkiste, Quelle: Diana Eberhardt

Höhlenschläfer

Die Ankunft von Erna war ein Kapitel für sich. Natürlich hatten beide zunächst getrennte Käfige, wobei Erna den größeren und neuen für beide bekam. Nach fünf Tagen vorsichtigen Beschnupperns beim gemeinsamen Freiflug hat man beschlossen, auch die Nächte zusammen in einem Käfig zu verbringen. Damit fing der Schlamassel an. Oscar hatte bis dato sein geliebtes orangefarbenes Schlafzelt aus Plüsch. (Wir erinnern uns? Stichwort Höhlenschläfer.) Das Zelt war zu klein für beide. Was tun? Ein neues musste her, aber die gab es auf einmal nur noch in Australien und in grüner Farbe. Egal. Bestellt und als es nach langem Warten ankam, sofort aufgehängt. Da hingen sie nun. Das kleine orangefarbene und das grüne Zelt nebeneinander. Es funktionierte mit den getrennten Schlafzimmern so lange harmonisch bis Erna beschlossen hatte, dass das orangene Zelt doch nun ihr gehören würde. Große Katastrophe! Weltuntergang! Der arme Oscar! SEIN geliebtes Zelt! Herzzerreißendes Geweine abends nach 22 Uhr. Oh mein Gott, der Nachbar!!! Wir haben doch nur Bodendielen. Der bekommt das alles mit. Oh weh! Panik machte sich breit... Moooment, ich hatte da doch noch irgendwo im Schrank ein großes graues Plüschzelt, sozusagen das Doppelbett unter den Zelten. Also zu nachtschlafender Zeit noch den Käfig umgebaut: Beide kleinen Zelte raus und das große graue rein. Hoffentlich kehrt jetzt Ruhe ein... Weit gefehlt... Anstatt einer hatte ich nun zwei weinende Rostkappen und es ging mittlerweile schon auf 23 Uhr zu. Irgendwann waren Erna und Oscar so erschöpft, dass ich sie in das graue Zelt setzen konnte und sie schliefen dann kurzerhand ein. Damit war für mich das Thema durch. Aber nein! Wir reden ja die ganze Zeit über Weißbauchpapageien. Thema durch? Erfolg für den Halter??? Utopie! In den nächsten Tagen wurde alle Energie darein gelegt, das verhasste graue Zelt zu zerstören. Wohl in der Hoffnung, dass das kleine orangefarbene wieder wie durch ein Wunder auftauchen würde. Das böse Frauchen hat aber statt dessen die Holzklasse angeboten und eine Schlafkiste gebaut. Frechheit! Empörung machte sich breit! Nachdem beide allerdings festgestellt hatten, dass durch das Holz der Resonanzbogen viel größer ist und das Pfeifen oder andere Geräusche durch den verstärkten Schall viel lauter als im Zelt zu hören sind, ist die Schlafkiste schlussendlich gnädigerweise angenommen worden. Gott sei Dank! Großes Aufatmen im ganzen Haus.

An dieser Stelle ein ganz wichtiger Hinweis:

Mir wurden die Schlafzelte damals im Rahmen der Erstausstattung für den Oscar als absolut „sicher" und als „die perfekte Schlafmöglichkeit für Weißbauchpapageien" verkauft. Mittlerweile rät man dringend von diesen Zelten ab, da die Vögel die Fasern futtern und sich diese im Kropf festsetzen können. Eine lebensrettende Operation ist dann vonnöten. Außerdem können die Tiere Löcher in die Zelte nagen, ihren Kopf hindurchstecken und hängenbleiben. Deshalb bin ich auf Nummer sicher gegangen und habe die notwendige Schlafkiste aus Holz gebaut. Solch eine Kiste lege ich Ihnen dringend ans Herz.

Theorie

Weißbauchpapageien benötigen in der Regel 12 Stunden ungestörten Nachtschlaf (ohne Fernseher, laute Musik etc. im Hintergrund). Bekommen sie diesen nicht, können sie tagsüber sehr unangenehm werden. Also WIRKLICH unangenehm, denn sie holen den Schlaf am Tag oftmals nicht nach. Wann auch? Es gibt ja viel zu viel interessante Dinge zu erleben, zu zerstören und zu kommentieren. Entwickeln Sie gewisse Rituale, denn Weißbäuche brauchen Routine.

Oh je, bitte lieber Leser, bitte gedulden Sie sich einen Moment. Es geht gleich weiter. Dummerweise habe ich gegen das Gebot verstoßen, niemals eine halbvolle Teetasse stehen zu lassen. Nun habe ich die Bescherung.... Sie müssen warten und ich muss putzen. Wobei aus dem Putzen auch noch ein Spiel gemacht wird, typisch Weißbauch eben. Das ganze Leben ist ein einziges Spiel: Fang den Schwamm... Es kann sich also nur noch um Stunden handeln, bis es hier im Büchlein weitergeht....

Blick in das „Schlafzimmer" von Erna und Oscar
Theorie

Zunächst einmal ist eine Schlafkiste gemäß "Mindestanforderungen an die Haltung von Papageien" zwingend erforderlich! Da diese nicht die Besonderheiten eines Nistkastens aufweisen muss, in dem Zuchtpaare normalerweise auch schlafen, ist man in der Gestaltung der Schlafstätte für seine Lieblinge frei. Ich habe Ernas und Oscars Schlafkiste so gebaut, dass ich unbehandelte Bretter aus Buchenholz besorgt und diese mit Schrauben, Scharnieren, Kistenverschluss usw. aus Edelstahl zu einem rechteckigen Kasten mit einer Tür zusammensetzt habe. Dieser hat eine Grundfläche von ca. 32 x 24 cm und ist 22 cm hoch. An der Vorderseite befindet sich ein Einstiegsloch mit einem Durchmesser von 9,5 cm. Die Schlafkiste wird am höchsten Punkt außen an der Voliere befestigt. Da die Voliere genau an dieser Stelle extra eine Aussparung hat, können meine Rostkappen vom Inneren der Voliere aus hineinkriechen und von außen kann die hintere Tür geöffnet werden, um die Kiste regelmäßig zu säubern. Weißbäuche sind in Bezug auf ihren Schlafplatz übrigens stubenrein. Bitte wundern Sie sich nicht, wenn die Holzkiste zunächst von Ihren gefiederten Neuankömmlingen verschmäht wird. Sobald sie Vertrauen gefasst haben und sich in ihrer neuen Umgebung wohl fühlen, werden sie wahrscheinlich nie wieder auf einer Stange schlafen, sondern Sie finden morgens früh zwei aneinander oder übereinander gekuschelte, verschlafene Weißbäuche in der Schlafkiste vor. Wenn Sie es vorziehen, eine geeignete Schlafstätte zu kaufen, können Sie sich im Handel z. B. nach Nistkästen aus Massivholz für Nymphensittiche bzw. Großsittiche umsehen (evtl. das Einschlupfloch vergrößern) oder bitten einen Schreiner, Ihnen eine Schlafkiste zu bauen. Wichtig ist, dass diese von Ihnen geöffnet und gereinigt werden kann.

Falls es in dem Raum, in dem die Vögel schlafen, nachts stockdunkel sein sollte, empfiehlt es sich, ein kleines Nachtlicht für Kinder an der Steckdose anzubringen. So können sich Ihre Tiere orientieren und geraten bei nächtlichen unvorhergesehenen Geräuschen nicht in

Panik. Erna und Oscar haben ein abendliches Ritual entwickelt, welches sowohl wir Menschen als auch die beiden sehr genießen. Bevor es in die Schlafkiste geht, bestehen sie darauf, bei uns Menschen „runterzufahren“. Die sonst so agilen und kaum zu bändigenden Vögel kommen zur Ruhe, indem sie unter den Pullover oder bei hochgelegten Menschenbeinen ins Hosenbein kriechen, so dass nur noch das Köpfchen herausschaut. Dann plustern sie sich auf und knirschen mit den Schnäbeln, ein untrügliches Zeichen für absolute Entspannung. Erst danach sind sie bereit, in ihre Voliere zur Schlafkiste gebracht zu werden. Ja, sie sind etwas verwöhnt und lassen sich „ins Bett bringen“...

Blick in die Schlafkiste, Quelle: Diana Eberhardt

PRAXISTIPP

Die meisten Weißbäuche verschmähen weiche Einstreu und schlafen direkt auf dem Holzboden der Schlafkiste. Sie können dennoch versuchen, staubfreie Kleintierstreu anzubieten. Falls dies im hohen Bogen aus dem Einschlupfloch der Schlafkiste hinausbefördert wird, ist zumindest Ihr Gewissen beruhigt, dass die „armen“ Tiere nicht leiden, wenn sie auf dem „harten“ Holz nächtigen, denn sie wollen es ja nicht anders...

Kapitel 6

Unterbringung

Frontansicht der Zimmervoliere, Quelle: Diana Eberhardt

Kommen wir zum Zuhause der Weißbäuche und fangen direkt mit Theorie an.

6.1 Zimmervoliere

Beim Käfig bzw. der Voliere gilt: Je größer, desto besser. Die zurzeit von den "Mindestanforderungen an die Haltung von Papageien" vorgeschriebenen Mindestmaße von 1,0 x 0,5 x 0,5 m für einen Käfig müssen auf jeden Fall eingehalten werden; aber Obacht: Einige Bundesländer haben strengere Auflagen! Mehrere Stunden am Tag Freiflug werden vorausgesetzt. Aus meiner Erfahrung heraus ist dies allerdings viel zu klein, so dass ich eine Edelstahlvoliere in den Abmessungen 2 x 1 x 2 m habe bauen lassen. Beim Material ist unbedingt ein Augenmerk darauf zu legen, dass man keine Käfige mit kunststoffummantelten oder verzinkten Drähten (Ausnahme Esafortdraht) oder Messing nimmt. Es gibt spezielle ungiftige, pulverbeschichtete Käfige, aber bei meinem hatte die Beschichtung den scharfen Schnäbeln nicht standgehalten. Falls man Volieren mit Gitterstäben kauft, muss unbedingt darauf geachtet werden, dass die Abstände zwischen den Gittern nicht zu groß sind, damit die Vögel ihre Köpfe nicht hindurchstecken können (25 mm sollten nicht überschritten werden). Am besten sind Volieren aus Edelstahl- oder Esafortdraht mit einer Verdrahtung in der Größe von 19 x 19 x 1,6 mm (Edelstahl) bzw. 19 x 19 x 1,45 mm (Esafortdraht). Kommen wir zum Standort: Bitte nicht direkt an der Heizung oder neben dem Fernseher aufstellen, sondern an eine ruhige Stelle an der Zimmerwand, die frei von Durchzug und vom „Durchgangsverkehr" ist. Eine Bodenschutzmatte unter der Zimmervoliere bewahrt den Fußboden vor hartnäckigen Verunreinigungen wie klebrige Obstreste. Aufgrund ihrer Herkunft benötigen Weißbauchpapageien eine hohe Luftfeuchtigkeit. In der Wohnung sind 55-60% perfekt. Speziell während der Heizperiode ist die Raumluft zu trocken, so dass mit einem hochwertigen Luftbefeuchter nachgeholfen werden muss, um Lungenerkrankungen und trockener Haut und trockenem Gefieder vorzubeugen. Diese Geräte müssen in kurzen Intervallen gereinigt werden, damit sie nicht verkeimen, diese Keime an die Raumluft abgeben und Ihre Vögel (und Sie) krankmachen. Lassen Sie sich im Fachhandel oder von anderen Haltern bzgl. des passenden Gerätes beraten.

Jeder Halter sollte über einen zusätzlichen kleineren Käfig verfügen, der je nach Anlass als Transport-, Quarantäne- oder Krankenkäfig genutzt werden kann.

Was ist bei der Ausstattung der Zimmervoliere zu beachten?

Als Bodenbelag bietet sich z. B. Buchenholzgranulat an. Ich mische von Zeit zu Zeit ein wenig spezielle Waldbodeneinstreu mit dazu, welche den Spaßfaktor erhöht. Zeitungen kann ich aus eigener Erfahrung nicht empfehlen, da Weißbäuche es lieben, sich im Granulat zu wälzen und darin zu spielen. Zeitungen färben ab und verursachen z. B. beim Toben nach einem ausgiebigen Bad furchtbar schwarze Flecken in dem weißen noch feuchten Bauchgefieder. Zudem fehlt der Spaßfaktor des

Scharrens im Granulat. Aus diesem Grund sind ebenfalls Bodengitter nicht wirklich optimal. Vogelsand biete ich nicht als Bodenbelag an. Erna und Oscar haben ein Sandbad, d. h. es befindet sich Vogelsand in einem etwas größeren Behälter mit hohen Seitenwänden, in dem sie nach Lust und Laune wie die Hühner scharren können, ohne dass ich den Sand im ganzen Raum verteilt wiederfinde. Auf dem Volierenboden befinden sich zusätzlich ein paar Kieselsteine, die ich vorher mit kochendem Wasser und einer Bürste gründlich gereinigt habe. Mit diesen wird gern gespielt, was gleichzeitig die Schnäbel in Form hält und zu langen Oberschnäbeln vorbeugt. Hierzu neigen die Weißbauchpapageien nämlich.

Viele Spielmöglichkeiten auf dem Volierenboden, Quelle: Diana Eberhardt

Ganz wichtig ist, dass die Voliere derart mit Spielzeugen und Sitzstangen bestückt wird, dass die Längsseite so frei bleibt, dass diese komplett durchflogen werden kann. Diese Bewegung ist sehr wichtig für die Vögel, die den Großteil des Tages in der Voliere verbringen müssen, während der Halter seiner Berufstätigkeit nachgeht.

Die unabdingbare Schlafkiste wird direkt unter der Decke der Voliere angebracht.

Sitzen, klettern, nagen
Naturholzstangen in verschiedenen Durchmessern sind wichtig. Diese sollten mindestens so groß sein, dass die Füße die Stangen einmal locker umfassen können, ohne dass sich die gegenüberliegenden Krallenenden berühren. Bitte auch dickere Stangen anbieten, damit sich die Fußmuskulatur durch wechselnde Durchmesser entspannen kann. Die Krallen können sich durch unterschiedliche Dicken der Sitzstangen ebenfalls besser abnutzen. An Edelstahlketten aufgehängte Äste bringen viel Spaß beim Schaukeln und fördern die motorischen Fähigkeiten. Korkenzieherhasel wird hier gern zum Schaukeln genommen. Ich habe zusätzliche Obstbaumäste (Apfel, Birne, Kirsche) in dreieckigen Edelstahlhalterungen befestigt. Diese haben den Vorteil, dass die Äste nur hineingelegt werden und man diese ganz einfach zum Säubern entnehmen kann. Weidenäste bitte nicht im Frühjahr anbieten, weil diese dann sehr viel Salicin, die Vorstufe zur Salicylsäure enthalten. Weitere möglichen Gehölzarten für Sitz- und Nageäste sind z. B. Buche, Ahorn, Birke (gut durchgetrocknet), Eberesche, Erle, Feuerdorn, Korkenzieherweide (nicht im Frühjahr geben), Linde, Pappel, Rosenholz, Weißdorn.... Wo wir gerade bei den Hölzern sind, komme ich kurz auf Nadelhölzer wie Tanne und Kiefer zu sprechen. Die Meinungen gehen stark auseinander. Einige geben Nadelhölzer, andere verzichten komplett darauf. Wenn man diese geben möchte, sollten sie unbedingt frei von Harz sein!

Wer von Ihnen in der Stadt wohnt oder sonst keine Möglichkeit hat, an frische Äste zu gelangen, kann beim Städtischen Bauhof oder bei einem Garten-Landschaftsbaubetrieb nach unbehandelten Hölzern fragen. Gegen eine kleine Spende für die Kaffeekasse bekommt man diese oftmals sogar noch passend gesägt.

Holzbrettchen, Baumscheiben, Korkäste, Kork- und Weidenröhren sowie ausgehöhlte Baumstämme eigenen sich ebenfalls wunderbar als Sitz- und Spielgelegenheiten. Als weitere Klettermöglichkeit biete ich hochwertige Seile aus Manilahanf im Durchmesser von 3 cm an. Manilahanf hat sehr kurze Fasern, so dass die Vögel nicht mit den Krallen hängenbleiben und sich verletzen können. Falls Ihre Vögel diese Seile zernagen oder gar Teile davon futtern sollten, dann entfernen Sie diese umgehend.

Übrigens freuen sich unsere gefiederten Lieblinge sehr, wenn man von einem Spaziergang Äste samt Blattgrün zum Spielen und Schreddern mitbringt. Bitte darauf achten, dass aufgrund der Abgase fernab der Straße und wegen möglicher Verunreinigungen nicht direkt vom

Viel Flugraum trotz reichlicher Einrichtung, Quelle: Diana Eberhardt

Boden gesammelt wird. Bitte auch vorher beim Forstamt fragen, ob man Äste mitnehmen darf. Verunreinigungen durch Herbizide und Pestizide sind ebenfalls zu beachten. Bevor ich meinen Tieren etwas aus der Natur gebe, wasche ich es einmal heiß unter der Brause ab.

Näpfe und Mineralsteine

Weißbäuche sind aggressiv, wenn es ums Futter geht. Daher empfehle ich für zwei Vögel mindestens vier Näpfe, davon zwei für das Trockenfutter wie Körner und/oder Pellets, einen für Obst und einen für Wasser. Die Näpfe sollten aus Edelstahl sein, denn diese können mit kochendem Wasser hygienisch gesäubert werden. Bitte schaffen Sie sich auf jeden Fall mehrere Sätze an Näpfen an, damit diese nach dem Gebrauch mindestens 24 Stunden durchtrocknen können, um einem Befall mit Trichomonaden vorzubeugen. Sinnvoll ist es, die Näpfe in den Halterungen zu sichern, weil es den Vögeln sehr viel Spaß macht, diese auszuhebeln, so dass sich dann die ganze Bescherung auf dem Volierenboden wiederfindet. Es gibt spezielle Futterdrehteller oder Näpfe mit einem Klickmechanismus, die ein Aushebeln verhindern. Bei mir stehen für die bessere Verdauung stets Vogelgrit, ein Kalk- sowie Manustein und spezieller Lehm in Form eines Clay Blocks zur freien Verfügung.

Nun zu den Favoriten in der Voliere... Spielzeug!

Unsere Lieblinge haben den Intelligenzquotienten eines Kindergartenkindes. Dementsprechend müssen sie beschäftigt werden, um Fehlverhalten durch psychische Störungen vorzubeugen. Weißbäuche sind Tüftler und zerlegen stundenlang Holzklötze, öffnen Knoten in Lederbändern und zerlegen alles, was nicht niet- und nagelfest ist. Von daher ist Spielzeug aus den verschiedensten Materialien zu empfehlen. Ich wechsel dieses regelmäßig durch anderes aus, damit keine Langeweile aufkommt. Bei buntem Holzspielzeug sollte man darauf achten, dass dieses mit ungiftiger Lebensmittelfarbe eingefärbt wurde. Es ist übrigens vollkommen normal, dass die Spielzeuge zerstört werden, im Gegenteil, es ist sogar sehr wichtig für das seelische Wohlbefinden, denn unsere Mitbewohner brauchen Erfolgserlebnisse - genau wie wir Menschen. Sehr beliebt sind bei meinen Vögeln auch die sogenannten Treat-Spielzeuge, die später in Kapitel 10 noch genauer beschrieben werden. Die Tiere müssen sich damit ihr Futter oder ihre Leckereien selbst erarbeiten. Bitte kaufen Sie kein Spielzeug aus billigem Plastik, denn das kann splittern und unseren Lieblingen üble Verletzungen zufügen. Zudem ist es oft mit Schadstoffen belastet. Dem teuren aber hochwertigen Acryl ist der Vorzug zu geben. Das vorhandene Spielzeug muss täglich auf eventuelle Beschädigungen hin überprüft werden, damit sich die „Spielkinder“ nicht verletzen. Wer mit Eierkartons bastelt, sollte aufgrund der Salmonellengefahr nur neue unbenutzte Kartons verwenden.

Die Befestigungen der Spielzeuge dürfen wir ebenfalls nicht außer Acht lassen. Das Risiko ist sehr groß, dass sich die Weißbäuche mit dem Schnabel im Karabiner verfangen und sich im schlimmsten Fall nicht mehr selbst befreien können. Ich empfehle daher, diese durch schraubbare Kettenglieder oder Schäkel auszutauschen. Auch hier wieder vorzugsweise aus Edelstahl. Da sich Erna beim Toben einmal mit einer Kralle in einem gedrehten Baumwollband verfangen hat, ersetze ich grundsätzlich bei Spielzeugen die Baumwolle durch Leder- oder Grasbänder. Ich achte sehr darauf, dass sich nirgendwo am Spielzeug Schlaufen bilden, durch die die Weißbäuche ihre Köpfe stecken oder in denen sie mit den Füßchen hängenbleiben können. Es herrscht Strangulierungsgefahr bzw. Amputationen von Krallen oder Füßen drohen.

Ausbrecherkönige

Was bei der Voliere noch ganz wichtig ist, sind die Sicherungen der Tür sowie der Napf- und Nistkastenklappen.

Ich bin eines Tages arglos nach Hause gekommen und zwei fröhliche Rostkappen begrüßten mich bereits lautstark und offenbar sehr stolz auf sich selbst in der Diele. Wie war dies möglich? Der Käfig, den ich damals noch hatte, war doch fest verschlossen! Nun, die beiden Gauner haben die Drehsicherung an einer Futterklappe überlistet und somit war der Weg für Unfug frei. Meine Wohnung sah aus, als ob ein Wirbelsturm hindurch getobt wäre! Alles, was sich bewegen ließ, lag auf dem Boden. Bücher waren angenagt und die Hinterlassenschaften waren auch nicht wirklich prickelnd. Nun musste ich mal wieder kreativ werden. Als Erste-Hilfe-Maßnahme hatte ich Spannbänder aus dem Baumarkt besorgt, um die Klappen provisorisch damit zu sichern. Dies war natürlich keine langfristige Lösung. Also wurde überlegt, gemessen, gebaut... Von außen angebrachte Riegel sicherten danach die Klappen. Im Gegensatz zu meinen einfachen Riegeln empfehle ich Ihnen solche mit Feder. Warum? Weil Erna und Oscar während des Freifluges von außen die Riegel öffneten, und wenn ich mich im Glauben wiegte, dass die beiden sicher im Käfig waren, entwischten sie an genau der Klappe, an der vorher von außen der Riegel geöffnet worden war. Also waren dann jedes Mal die Riegel zu überprüfen. Unterschätze nie einen Weißbauch! Klein, aber oho! Zum Glück handelte es sich nur um einen Übergangskäfig. Eine große begehbare Voliere aus Edelstahl ist seit einigen Jahren vorhanden. Natürlich mit ausbruchssicheren Klappen und Riegeln, sozusagen Fort Knox für Weißbäuche. Die Futternäpfe befinden sich in Futterdrehtellern, die von außen zu bedienen sind. Die Näpfe selbst sind durch eine Leiste aus Edelstahl so gesichert, dass Erna und Oscar sie nicht mehr aushebeln und herunterwerfen können.

Zum Schluss: Der Schmutz...

Theorie

Dass die Behausung unserer Lieblinge täglich vom Schmutz durch Kot und heruntergefallene Futterreste befreit wird, sollte eine Selbstverständlichkeit sein, die nicht extra erwähnt werden muss. Hierzu keine haushaltsüblichen Reiniger verwenden, da diese schädliche Inhaltsstoffe enthalten. Warmes Wasser ist absolut ausreichend und risikolos für die Gesundheit.

Foto rechts: Blick seitlich in die Zimmervoliere,
Quelle: Diana Eberhardt

6.2 Freisitz

Freisitze werden von jedem Papagei sehr gern angenommen. Hierbei gibt es verschiedene Varianten. Für die Fensterbank empfiehlt sich ein sogenannter Tischfreisitz. Dieser ist sehr handlich und kann überall aufgestellt werden, wo Ihr Papagei gern sitzt, sei es auf der Fensterbank, um das Geschehen draußen zu beobachten oder auf dem Wohnzimmertisch, um am Familienleben teilzunehmen. Bei uns steht im Esszimmer ein gekaufter Freisitz aus Metall, der Halterungen für Futternäpfe aufweist. Aufgrund der Hygiene habe ich mich bewusst für einen leicht zu reinigenden Freisitz entschieden, damit die Essensreste rückstandsfrei entfernt werden können. Erna und Oscar haben zusätzlich einen ca. zwei Meter hohen selbst gebauten hölzernen Freisitz im Wohnzimmer. Unter eine Platte aus unbehandeltem Holz habe ich vier lenkbare Rollen geschraubt. Um die Platte herum ist eine ca. 5 cm hohe Umrandung angebracht, um die Bodenfläche mit Buchenholzgranulat einstreuen zu können. Auf der Bodenplatte an sich ist ein sehr großer und stabiler Ast eines Baumes mit Hilfe von Winkeln angeschraubt worden. Zwischen einzelnen Astverzweigungen habe ich zusätzlich waagerechte Sitzstangen befestigt. Ein Sitzplatz aus dickem Kork sowie einige Spielzeuge dürfen selbstverständlich auch nicht fehlen. Beim Bau der Freisitze sind Ihrer Fantasie keine Grenzen gesetzt und Sie können diese immer wieder modifizieren oder komplett erneuern, damit Ihre Weißbauchpapageien keine Langeweile bekommen. Für die Halter ohne bastlerisches Talent sind verschiedene Ausführungen von Freisitzen im Handel erhältlich. Allerdings bieten diese meiner Erfahrung nach nicht den optimalen Spaßfaktor, denn z. B. kann bei „Marke Eigenbau“ die Rinde in stundenlanger Kleinarbeit abgefressen und Äste zerlegt werden. Mithilfe des verwendeten Holzes kann man als Halter selbst bestimmen, wie hart man die Sitzgelegenheit haben möchte, z. B. Nadelholz ist sehr weich und somit leicht zu zerlegen, hingegen Buche ist hart und kaum zu schreddern. Ich kombiniere verschiedene Holzarten miteinander, um genügend Abwechslung zu bieten. Bei den derzeit sehr in Mode befindlichen Javabäumen ist dies nicht der Fall, da das Holz – zumindest von Erna und Oscar – nicht geschreddert werden kann. Der Sitzkomfort ist nicht optimal für die beiden, da die Äste sehr dick und glatt sind und meine Kobolde darauf rutschen. Letztendlich müssen Sie selbst entscheiden, welchen Freisitz Sie für Ihre Lieblinge auswählen. Richten Sie sich nach deren Vorlieben, denn so können Sie nichts falsch machen.

6.3 Vogelzimmer

Theorie

Ein eigenes Vogelzimmer ist jederzeit der Volierenhaltung in der Wohnung vorzuziehen. Die Vögel haben ausreichend Platz für Flugübungen und mehr Möglichkeiten, sich zu beschäftigen. Die Futternäpfe kann man in gegen „Napfweitwurf“ gesicherten Halterungen an einer Wand anbringen. Vorzugsweise befestigt man dahinter eine große Acrylplatte, damit die Wand nicht

Selbst gebauter Freisitz,
Quelle: Diana Eberhardt

Viel Platz und Licht ist wichtig, Quelle: Janina und Meik Mees

verschmutzt. Unsere Weißbäuche sind nämlich der Meinung, dass Futter erst einmal totgeschüttelt werden muss, bevor man es vertilgen kann. Dies ist bei Roter Bete, Sauerkirschen & Co. alles andere als spaßig für den Halter. Unter den Futterplätzen kann man gut Zeitungs- oder Malerpapier auslegen, welches die tägliche Reinigung erleichtert. Bei der Einrichtung gilt ansonsten dasselbe wie bei der Voliere: Viele Sitzmöglichkeiten aus unterschiedlichen Materialien, genügend Schreddder-, Foraging- und Treat-Spielzeuge usw. Praktisch sind unter die Zimmerdecke geschraubte Gardinenschienen, an denen Hängespielzeuge befestigt und je nach Lust und Laune einfach ausgetauscht oder verschoben werden können. Bitte sichern Sie die Lampen mithilfe von Drahtkäfigen o. ä., die Sie um die Lampe (optimalerweise eine spezielle Vogel-UV-Leuchtstoffröhre) herum an der Decke oder Wand befestigen. Wo wir gerade bei der Beleuchtung sind: Gönnen Sie Ihren Vögeln auch hier den Sonnenspot, den Sie praktischerweise ca. 30 cm senkrecht über dem Freisitz oder dem bevorzugten Ruheort Ihrer Weißbäuche anbringen. Alle Steckdosen sind mit einem Schutz auszustatten, den man in der Babyabteilung von Kaufhäusern findet. Stromkabel müssen in Kabelkanäle verlegt werden. Der

Luftbefeuchter/-reiniger sollte ebenfalls mittels eines Drahtkäfigs gesichert werden. Optimalerweise sichern Sie im Vogelzimmer das Fenster mit einem Gitter, damit gefahrlos gelüftet werden kann und ihre Lieblinge frische Luft und Sonne bekommen. Als Bodenbelag eignen sich am besten leicht zu reinigende Fliesen. Stellen Sie einige Behälter mit Buchenholzgranulat und Sand auf, damit die Vögel ausgiebig nach Herzenslust darin spielen können.

6.4 Außenvoliere

Wer es ermöglichen kann, der sollte seinen Vögeln eine Außenvoliere aus hochwertigem Metall spendieren.

Rostkappenpapagei in der Außenvoliere, Quelle: Andrea Ottemeier

Vor dem Bau ist unter Umständen eine Baugenehmigung einzuholen. Die Bestimmungen hierfür sind von Bundesland zu Bundesland unterschiedlich. Eine engmaschige und/oder doppelte Verdrahtung ist angeraten, damit keine Mäuse, Ratten oder Marder hineingelangen können. Um ganz sicher zu gehen, errichten einige Halter eine Bodenplatte aus Beton, auf der die einzelnen Elemente aufgebaut werden. Eine Schleuse ist ein absolutes Muss, denn nicht wenige Vögel entwischen in dem Moment, in dem der Halter die Tür zur Voliere öffnet, um einzutreten. Ein Teil der Voliere sollte überdacht sein, damit die Vögel Schutz vor Regen und Sonne bekommen. Anstatt wie bei den meisten anderen Papageienarten, die ein beheiztes Schutzhaus mit mindestens 10 °C benötigen, sind gemäß "Mindestanforderungen an die Haltung von Papageien" für Weißbauchpapageien mindestens 15 °C vorgeschrieben. Genügend Tages- sowie Kunstlicht ist auch Pflicht, sollten die Vögel ganzjährig in der Außenvoliere mit Schutzhaus gehalten werden. Die genauen Bestimmungen hierzu entnehmen Sie bitte ebenfalls den momentan gültigen "Mindestanforderungen an die Haltung von Papageien"

Allzweck-/Krankenkäfig, Quelle: Diana Eberhardt

6.5 Transportbox und Allzweckkäfig

Erna und Oscar besitzen zusätzlich zu ihrer großen Voliere noch eine transparente Transportbox aus Acryl, die für Ausflüge in die Natur und für Fahrten zum Tierarzt genommen wird. Zusätzlich habe ich vom Volierenbauer einen größeren „Allzweckkäfig" (60 x 45 x 52 cm) mit Futterdrehteller in der Tür sowie einer Edelstahlverdrahtung bauen lassen. Dieser kann bequem an einem Griff getragen werden und bietet bei evtl. Trennung durch Krankheit wie Knochenbruch o. ä. etwas mehr Komfort als die relativ kleine Transportbox. Der Allzweckkäfig steht übrigens immer griffbereit in der Wohnung, falls mal ein medizinischer Notfall eintritt oder ein Feuer ausbricht und die Vögel evakuiert werden müssen. Für den Fall einer Evakuierung liegt stets eine Tüte ungeöffnetes und noch haltbares Futter sowie eine Wärmelampe (Dunkelstrahler) in diesem Käfig, um die Erstversorgung zu gewährleisten.

PRAXISTIPP

Am einfachsten reinigt man die Voliere, indem man das Gitter mithilfe eines handlichen Dampfreinigungsgerätes einsprüht und das zerstäubte Wasser ein paar Minuten einwirken lässt. Danach können Verschmutzungen leicht entfernt werden.

Transportkäfig,
Quelle: Diana Eberhardt

Kapitel 7

Baden und Surfen

Plitsch platsch

Ich hörte eines Tages in der Küche ein unerklärliches Plätschern und schaute nach. Das Wasser in der Spüle lief seltsamerweise wie von Geisterhand. Nun, später stellte sich heraus, dass mein Lebensgefährte dem Oscar die Bedienung der Einhandarmatur ein paar Mal genau gezeigt hatte. Das clevere Kerlchen hat zu sehr aufgepasst und weiß seitdem, wie man an fließendes Wasser kommt. Am liebsten trinkt der Genießer nämlich direkt aus dem Wasserhahn, indem er bis ans Ende läuft und sich zum Wasserstrahl hinunterbeugt, um ein paar Schnäbel voll zu nehmen. Mittlerweile ist eine andere, schwergängigere Armatur verbaut, die nicht mehr von ihm bedient werden kann.

7.1 Baden

Damit wären wir schon bei der nächsten Lieblingsbeschäftigung der Weißbäuche, dem Baden. Sie sind die reinsten Wasserratten und lieben es, unter dem Wasserstrahl wild herumzuhüpfen, bis sie komplett durchnässt sind... und die Küche bis an die Fensterscheiben auch. Das ist ein Gerangel, Geflatter und Toben in der Spüle! Beliebt ist es auch, mit mir zu duschen. Erna sitzt auf meinem Kopf, Oscar auf der Schulter und dann heißt es: Wasser marsch! Natürlich nur lauwarm, damit sich die Clowns nicht verbrennen.
Manchmal bevorzugen Erna und Oscar auch eine große flache Schüssel, die mit lauwarmem Wasser gefüllt ist. Es ist wirklich eine Wonne zuzuschauen, wie sie sich im Wasser wälzen.

Wer die Wahl hat, hat die Qual

Es gibt verschiedene Möglichkeiten, ihrem Liebling das erfrischende Nass näherzubringen und Sie werden rasch die Vorlieben feststellen.

- Große flache Badeschüssel
- Spezielles Badehaus für Papageien, welches z. B. innen oder außen am Volierengitter befestigt werden kann (Achtung, die Schrauben und Muttern rosten bei dem Modell, das ich gekauft hatte. Bitte in dem Fall durch Befestigungsmaterial aus Edelstahl ersetzen.)
- Duschen in der Spüle (Bitte ein Geschirrtuch hineinlegen, damit der Untergrund nicht zu glatt ist und nur einen dünnen Wasserstrahl einstellen.)
- Gemeinsames Duschen mit Ihnen unter der Dusche
- Spezielle Badebehälter, die mittels eines Metallrahmens am Volierengitter befestigt werden
- Sanfter Sprühstoß aus einer sauberen, nur für das

Kleine Wasserratte, Quelle: Diana Eberhardt

Vogelbaden vorgesehenen Sprühflasche. (Bitte hier wegen der Verkeimung auf extremste Hygiene achten und die Flasche nach dem Gebrauch immer komplett austrocknen lassen!)

- Baden in feuchtem frischen Grünzeug wie belaubte Äste, Kräuter, Möhrengrün

7.2 Surfen

Surferparadies
Theorie
Nach dem Baden kommt eine ganz besondere Eigenart der Weißbauchpapageien. Das Surfen! Sie trocknen sich selbst am Handtuch ab, indem sie sich daran festkrallen und mit ihrem Körper hin- und her rubbeln. Die Haare auf des Halters Kopf sind dafür ebenfalls sehr beliebt. Danach wird sich ein Plätzchen an der Sonne gesucht, um komplett zu trocknen. Diese durchaus putzige Eigenschaft rührt daher, dass die Weißbauchpapageien in der freien Wildbahn baden, indem sie sich oben in den Baumwipfeln am feuchten Blattwerk reiben. Dies nennt man auch „suhlen".

Wer als Mensch in den Genuss kommt, dass ein Weißbauch auch ohne vorheriges Baden auf ihm surft, der hat die Gunst der Vögel für sich gewonnen, denn es ist eine Art Liebeserklärung.

Frisch geduschter Grünzügelpapagei, Quelle: Janina und Meik Mees

PRAXISTIPP

Legen Sie nach dem Baden ein frisch gewaschenes Badetuch parat. Darauf surfen die kleinen Wasserratten am liebsten.

Foto rechts: Abtrocknen nach der Dusche, Quelle: Diana Eberhardt

Kapitel 8

Ernährung

Beispiel einer Tagesration Futter, Quelle: Diana Eberhardt

8.1 Einleitung

Des einen Freud, des anderen Leid
Erwähnte ich bereits, dass Weißbäuche für ihr Leben gern futtern? Wenn Erna und Oscar es kräftemäßig schaffen könnten, würden sie die Kühlschranktür öffnen, um an die vielen Leckereien zu gelangen. Jede Einkaufstasche wird akribisch untersucht, begleitet von einem aufgeregten Schnarren.

Auf Papayas, Mangos oder Maracujas sind die Feinschmecker richtig wild. Da sitzen sogar die sonst hyperaktiven Weißbäuche ganz still und schlabbern, was das Zeug hält.

Ansonsten gilt: Je größer die Sauerei beim Futtern, desto besser hat es geschmeckt! Erna schleppt ihr Obst gern durch die ganze Wohnung und versteckt es für später. Leider vergisst sie es dann und ich finde an den unmöglichsten Stellen angetrocknetes Obst wieder. Letztens hatte ich Banane auf dem Kopfkissen. Tägliches Wischen des Bodens und der Fenster gehört mittlerweile zur Routine.

Krankmachende Keime? Nein danke!
Theorie
Weißbauchpapageien möglichst nicht beim Futtern stören, denn dann können sie recht ungemütlich werden. Was fressen die Vögelchen überhaupt? Nun, ein Großteil (ca. 40%) des Futters machen Gemüse und Obst aus. Dieses kann entweder in schnabelgerechte Stücke geschnitten und im Napf angeboten werden oder in größeren Stücken bzw. komplett auf einem Spieß aus Edelstahl. Die zweite Variante wird hier bevorzugt, weil sie zusätzlich zur Nahrungsaufnahme auch noch Beschäftigung bietet. Am gesündesten ist es, wenn man möglichst generell auf Bioqualität achtet und, falls machbar, die Schale entfernt. Bitte unbedingt das Obst und Gemüse spätestens nach vier Stunden durch frisches ersetzen, da die Anzahl sich rasch bildender Keime sonst zu groß wird. Ebenso verfährt man mit dem Wasser, das im Laufe des Tages gewechselt werden sollte. Zusätzlich zum frischen Obst kann ab und zu auch ungeschwefeltes und ungesüßtes Trockenobst als Leckerchen gereicht werden. Sie können als Abwechslung mal einen selbstgemachten Wackelpudding anbieten, indem Sie frisch gepressten Saft mit Agar-Agar anrühren. Kleine Oststückchen darin erhöhen den Spaßfaktor. Selbstgemachte Smoothies werden ebenfalls sehr gern genommen.

Kapitel 8.2 Obst und Steinfrüchte

Eines vorweg: **Niemals Avocado verfüttern, denn diese kann zum Tode führen!**

Hier eine Auswahl an genießbaren Obstsorten:

- Ananas
- Apfel
- Aprikose
- Banane
- Birne
- Blaubeere

- Brombeere
- Dattel
- Erdbeere
- Feige
- Granatapfel
- Grapefruit
- Guave
- Heidelbeere
- Himbeere
- Johannisbeere
- Kaki
- Kaktusfeige (Wegen der Stacheln unbedingt geschält anbieten!)
- Kirsche
- Kiwi
- Kokosnuss
- Kumquat
- Litschi
- Mandarine
- Mango
- Maracuja
- Melone
- Mirabelle
- Nektarine
- Orange
- Papaya
- Pfirsich
- Pflaume
- Physalis
- Quitte
- Stachelbeere
- Sternfrucht
- Weintraube

Foto oben:
Papaya, Quelle: Diana Eberhardt

Foto unten:
Frische Früchte im Herbst, Quelle: Janina und Meik Mees

Nach dem Genuss wasserhaltigen Obstes wie Weintrauben ist es möglich, dass die Vögel vorübergehend wässrigen Kot bekommen. Dies ist normal und kein Grund zur Besorgnis. Der Kot kann durch Frischkost wie Granatäpfel oder rote Paprika rötlich gefärbt sein. Da die Weißbäuche in der freien Natur sehr oft unreifes Obst futtern, bieten Sie durchaus zwischendurch z. B. eine noch unreife Mango oder grüne Banane an. Dies hat den Vorteil, dass der Zuckergehalt nicht ganz so hoch ist.

Aus der heimischen Natur können viele Früchte verfüttert werden, z. B. Schlehen, Weißdorn, Feuerdorn, Sanddorn, Hartriegel, Eberesche (Vogelbeere), Holunder (hiervon nur die Blüten und Beeren verwenden), Hagebutten usw. Diese lassen sich hervorragend für den Winter trocknen oder einfrieren.

Mango, Quelle: Diana Eberhardt

8.3 Gemüse & Co.

Erlaubt ist an Gemüse so ziemlich alles. Allerdings können bei einigen Kohlsorten Darmprobleme und Blähungen auftreten, weshalb hier Vorsicht geboten ist. Unter den Kohlsorten gelten Kohlrabi, Blumenkohl und Brokkoli als am unbedenklichsten. Dies sind die einzigen Kohlsorten, die ich persönlich verfüttere. Bohnen bitte nur gekocht und ohne Hülse anbieten, da diese das giftige Phasin enthalten. Sie werden gleich über die Peperoni bzw. Chili stolpern. Huch, ist die nicht viel zu scharf? Nein, denn unseren Vögeln fehlen die Rezeptoren für die Geschmacksrichtung „scharf", sodass die Chili für sie eine willkommene Leckerei ist. Scharf ist lediglich das Küsschen, das wir nach dem Essen von unseren Lieblingen erhalten. Die Weißbäuche freuen sich nicht nur über rohes, sondern auch über etwas gedünstetes und ungesalzenes Gemüse als zusätzliche Mahlzeit. Um „Wohlstandskrankheiten" bei unseren Vögeln zu vermeiden, sollte die Ernährung reichhaltig und abwechslungsreich gestaltet sein.

Hokkaidokürbis, Quelle: Diana Eberhardt

Hier eine Auswahl an genießbarem Gemüse & Co.:

- Aubergine
- Blumenkohl
- Brokkoli
- Chicorée
- Erbse
- Fenchel
- Gurke
- Kartoffel (gekocht)
- Kohlrabi
- Kürbis
- Mais
- Mangold
- Möhre
- Paprika*
- Pastinake
- Peperoni
- Petersilienwurzel
- Porree
- Radieschen
- Rettich
- Rote Bete
- Schwarzwurzel
- Stangensellerie
- Süßkartoffel
- Tomate*
- Zucchini

* Nicht das Pflanzengrün anbieten, da dieses wie bei allen Nachtschattengewächsen giftig ist.

Reichhaltiges Schöpfen aus der Natur im Herbst, Quelle: Diana Eberhardt

8.4 Salat

Bitte möglichst aus dem eigenen Garten oder Bioprodukte anbieten, da die Salate aus dem Supermarkt unter Umständen mit Pestiziden belastet sein können. Um wässrigen Kot zu vermeiden, muss der gewaschene Salat vor dem Verzehr gut abgetrocknet werden.

Auswahl an Salaten:

- Feldsalat
- Eisbergsalat
- Endiviensalat
- Kopfsalat

Frischer Ingwer und Sternanis, Quelle: Diana Eberhardt

8.5 Gewürze

Da unsere gefiederten Freunde durchaus kleine Gourmets sind, werden sie sich freuen, wenn ein paar Gewürze die Nahrung bereichern.

Kleine Auswahl an Gewürzen:

- Anis
- Fenchelsamen
- Ingwer
- Ceylonzimt (kein Cassiazimt)
- Vanille

8.6 Nüsse und Kerne

Nüsse sollten nur ohne Schale angeboten werden, da sich in dieser oft Pilzsporen befinden, die beim Vogel eine Pilzerkrankung der Atmungsorgane, die sogenannte Aspergillose, auslösen können.
Weil im allgemeinen Sprachgebrauch die Erdnüsse als Nüsse bezeichnet werden, obwohl es sich eigentlich um Leguminosen (Hülsenfrüchtler) handelt, führe ich diese trotzdem an dieser Stelle an. Bei den preisgünstigen abgepackten geschälten Erdnüssen soll man die Pilzsporen auch auf den Kernen gefunden haben. Daher bitte nur geschälte Nüsse ohne Schale in Lebensmittelqualität von namhaften Herstellern kaufen. Ich persönlich verfüttere überhaupt keine Erdnüsse. Generell muss bei Nüssen zudem der hohe Fettgehalt beachtet werden.

Hier eine Auswahl an genießbaren Nüssen und Samen:

- Cashew
- Erdnuss
- Haselnuss (Haselnüsse werden auch halbreif sehr

gern genommen.)
- Macadamia
- Paranuss
- Pecannuss
- Pinienkern
- Süßmandel
- Walnuss

Walnüsse, Quelle: Diana Eberhardt

Erna und Oscar sind verrückt auf Walnüsse. Diese gibt es meistens nur dann, wenn ich das Haus verlasse, sozusagen als Trostpflaster, welches mittlerweile zur wichtigen Routine geworden ist. Jeder bekommt übrigens ca. 1/8 Walnuss, mehr nicht. Die ganz frischen aus dem Garten werden den gekauften bevorzugt.

Foto rechts: Oregano im Vordergrund, Basilikum dahinter, Quelle: Bianca Green

8.7 Kräuter

Auch Kräuter dürfen bei unseren Genießern nicht im Napf fehlen. Hier ist allerdings das Gebot „Klasse statt Masse“ angesagt, denn u. a. können enthaltene ätherische Öle die Schleimhäute unserer Vögel reizen. Daher sollten frische Kräuter nur in Maßen genossen werden.

Frische Kräuter, Quelle: Diana Eberhardt

Hier eine Auswahl an genießbaren Kräutern:

- Basilikum
- Beifuß
- Dill
- Kamille
- Kerbel
- Kresse
- Kriechendes Schönpolster (Golliwoog)
- Majoran
- Oregano
- Pfefferminze
- Ringelblume
- Rosmarin
- Salbei
- Thymian
- Zitronenmelisse

8.8 Wildpflanzen

Wildpflanzen sind eine wunderbare Ergänzung auf dem Speiseplan. Achten Sie immer darauf, dass Sie nur Pflanzen pflücken, die Sie kennen. Hier empfiehlt sich zusätzlich ein entsprechender bebilderter Ratgeber. Suchen Sie „das Unkraut“ fernab von Straßen, weit weg von gedüngten Wiesen sowie Ackerflächen und nicht im Naturschutzgebiet. Achten Sie bei Wildgräsern darauf, dass Sie diese ohne das gefährliche Mutterkorn pflücken.

Frische Wildpflanzen integriert in ein Futterspielzeug, Quelle: Diana Eberhardt

Hier eine Auswahl an genießbaren Wildpflanzen:

- Borstenhirse
- Flughafer
- Gänseblümchen
- Glatthafer
- Hühnerhirse
- Knaulgras
- Löwenzahn
- Spitzwegerich
- Vergissmeinicht
- Vogelknöterich
- Vogelmiere
- Wiesen-Rispengras

8.9 Getränke

Immer nur Wasser wird schnell langweilig. Selbstverständlich freuen sich die kleinen Schätze auch über ein wenig Abwechslung. Allerdings in der Voliere immer zusätzlich einen Napf mit klarem Wasser zur freien Verfügung halten.

Mögliche zusätzliche Getränke:

- Frisch gepresste Gemüse- und Obstsäfte (mit Wasser verdünnt anbieten)
- Früchtetee
- Kräutertee (Hierbei bitte beachten, dass die meisten Kräuter eine Heilwirkung besitzen und als Medizin eingesetzt werden.)
- Lapachotee
- Reine Mandel-, Kokos- oder Hafermilch (ohne Zusätze)
- Sud von gekochtem Gemüse
- Kokoswasser

8.10 Allgemeines

Körnerfutter oder Pellets/Extrudate oder beides?
Ein Weißbauch kann nicht nur von Frischkost leben, sondern benötigt zusätzlich entweder Pellets oder/und qualitativ hochwertiges Körnerfutter, bevorzugt Futtermischungen für Amazonen. Jeder muss selbst überlegen, für welche Futterart er sich entscheidet oder ob er eine Kombination aus beiden anbietet. Körnerfutter ist die natürlichere Variante, wobei allerdings die Gefahr sehr groß ist, dass sich die Vögel einseitig ernähren, weil sie sich nur die Körner auswählen, die sie am liebsten mögen und somit nicht alle Nährstoffe aufnehmen. Diese müssen dann oftmals durch Zusatzpräparate gegeben werden. Um das Selektieren zu vermeiden, sollte morgens früh nur so viel Futter in den Napf gelegt werden, wie am selben Tag gefuttert wird. Optimalerweise bleibt abends nur ein kleiner Rest übrig. (Ausnahme: Obst und Gemüse biete ich in reichlicher Auswahl an. Dieses wird gefuttert und geschreddert, aber unabhängig vom verbleibenden Rest wird die Frischkost spätestens alle 4 Stunden ausgetauscht.). Pellets/Extrudate sind etwas teurer, enthalten jedoch die meisten notwendigen Vitamine, Spurenelemente und Mineralien. Dafür entfällt aber für die Vögel das Entfernen der Schale und macht das Fressen langweiliger. Der Muskelmagen wird weniger gefordert als bei der Verdauung von Körnern. Ich gebe meinen Tieren eine Mischung aus beidem. Erna und Oscar bekommen hochwertige Pellets in ihre Näpfe und Amazonenfutter mit wenig oder keinen Sonnenblumenkernen in ihre

Treat- Spielzeuge. Warum wenig oder keine Sonnenblumenkerne? Nun, diese haben einen relativ hohen Fettgehalt, werden daher gern gefuttert und können zu Übergewicht führen. Zusätzlich zum Körner-/Pellet-/Frischfutter sollte nach Absprache mit dem Tierarzt ein gutes Mineralstoffpräparat gegeben werden, da diese oft auch viele essentielle Aminosäuren enthalten.

Manchmal liest man, dass Laien ihr Futter selbst aus Einzelsaaten zusammenstellen. Davon ist absolut abzuraten, denn bestimmte Mischungsverhältnisse sollten eingehalten werden, um Ihre Papageien optimal mit allen Nährstoffen zu versorgen. Falls Sie kein Experte auf dem Gebiet der Vogelernährung sind, greifen Sie bitte auf fertige Körnermischungen zurück. Hier sei auf spezielle Literatur zur Ernährung hingewiesen, z. B. PAPAGEIEN Sonderheft Ernährung.

Futtern wie bei Muttern

Mittags bekommen Erna und Oscar gekochtes Essen, also das vorher beschriebene gedünstete Gemüse sowie von Zeit zu Zeit salzfrei gekochte Kartoffeln, Polenta, Bulgur, Nudeln... Oftmals koche ich einfach einen Eintopf aus frischen Zutaten (u. a. wegen des hohen Salzgehaltes ohne Verwendung von Fleisch- oder Gemüsebrühe) und würze dann nur die Portion für uns Menschen. So spare ich Zeit und wir essen alle gesund. Lassen Sie Ihre Fantasie spielen.

Sie können ausprobieren, ob Ihre Vögel im Handel erhältliches Kochfutter mögen, welches aus getrockneten Gemüsestücken und teilweise auch Nudeln besteht. Meine verwöhnte Bande verschmäht dieses und besteht auf „Futtern wie bei Muttern“.

Keimfutter kann angeboten werden, aber dabei ist auf penibelste Sauberkeit und Timing zu achten, weil es sonst schnell zur krankmachenden Verkeimung führen kann. Bitte halten Sie sich genau an die Anweisung auf der jeweiligen Packung.

Selten, also wirklich nur ab und zu, darf auch ein wenig tierisches Eiweiß auf den Speiseplan. Milchprodukte wie Joghurt, Hüttenkäse oder Quark gebe ich grundsätzlich nur in der laktosefreien Variante, denn den Vögeln fehlt das notwendige Enzym, um die Laktose aufzuspalten und sie bekommen deshalb von normalen Milchprodukten rasch Durchfall. Einmal im Monat gibt es ein kleines Hühnerknöchlein. Es ist faszinierend zu beobachten, wie zielstrebig Erna und Oscar den Knochen knacken und sich das Mark herausholen. Grundsätzlich sollte man die Gabe von tierischem Eiweiß vorher mit dem vogelkundigen Tierarzt absprechen, der durch die jährlichen Kontrolluntersuchungen genaue Kenntnisse über den Gesundheitszustand Ihrer Vögel hat. Ein Zuviel an tierischen Proteinen kann zu Nierenerkrankungen führen bzw. ist schädlich für Vögel, bei denen bereits eine Nierenerkrankung besteht.

Wer mag, kann auch für seine Vögel backen. Wegen der Kalorien verzichte ich auf Zucker und Honig. Im folgenden Kapitel erhalten Sie als Anregung einige Rezepte.

Bitte nicht zu nahe kommen!, Quelle: Bianca Green

Bitte nicht!

Dass Fette wie Butter oder Margarine, Salz, Zucker, Schokolade, Alkohol, Koffein und dergleichen nichts auf dem Speiseplan unserer Lieblinge zu suchen haben, sollte eine Selbstverständlichkeit sein.

Wichtige Notiz am Rande:
Geräte wie Backöfen, Kochgeschirre, Waffeleisen, Sandwichmaker, Popcornmaschinen, Raclettes, Bügeleisen, Haartrockner, Heizlüfter etc. mit Antihaftbeschichtungen bitte nicht im Beisein der Vögel benutzen. Werden diese auf über ca. 220 °C erhitzt, entstehen Dämpfe, die bei unseren Vögeln zum Tode führen können. Daher ist es dringend angeraten, die gefiederten Lieblinge während der Benutzung stets in einen anderen Raum zu bringen, die Türen zu schließen sowie während und nach dem Gebrauch der jeweiligen Gerätschaften unbedingt gut durchzulüften. Sicherer ist es, komplett darauf zu verzichten, um jedes Risiko zu vermeiden. Es gibt mittlerweile alternative Produkte wie z. B. Toaster mit Quarzglasheizung, Bügeleisen mit Keramiksohle, Kochgeschirre aus Edelstahl, Keramik oder Emaille usw.

Sicherheit haben Sie bei Produkten mit dem Hinweis: „PTFE- und PFOA-frei"!

PRAXISTIPP

Um im Berufsleben und Arbeitsalltag Zeit zu sparen, können größere Portionen von Kochfutter oder Smoothies vorbereitet und portionsgerecht in Eiswürfelbehältern eingefroren werden.

Bitte nicht in die Schlafkiste greifen, Quelle: Diana Eberhardt

Kapitel 9

Leckerchen selbst herstellen

9.1 Futterkugeln

Da man die Treat-Spielzeuge nicht nur mit Körnern, Sämereien, Nüssen oder getrocknetem Obst/Gemüse befüllen kann, sondern auch mit kleinen Futterkugeln, finden Sie hier ein passendes Rezept.

- 100 g Körnerfutter (hier: Amazonenfutter)
- 60 g Vollkornmehl (Bioqualität)
- 55 ml Wasser oder Kokoswasser

Alle Zutaten mit den zuvor gründlich gewaschenen Händen miteinander vermischen bis ein Teig entsteht, der die ungefähre Konsistenz eines Mürbeteigs besitzt. Nach Vorlieben der Tiere können andere Zutaten wie z. B. getrocknete Papayawürfel, Kokosraspeln, Kräuter usw. hinzugefügt werden. Von der Verwendung frischen Obstes und Gemüses rate ich ab. Je nach Konsistenz der fertigen Rohmasse muss zusätzlich entweder ein wenig Flüssigkeit oder Mehl hinzugefügt werden. Nun den Teig zu kleinen ca. 2 – 3 cm großen Kugeln formen.

Backzeit: ca. 30 Minuten im vorgeheizten Backofen auf 125 °C Ober- und Unterhitze, mittlere Schiene. Die Backzeit ist abhängig davon, wie hart die fertig gebackene Masse sein soll.

Nach dem Abkühlen steht der munteren Knabberei nichts im Wege. Die Kugeln können übrigens problemlos eingefroren und nach Bedarf bei Zimmertemperatur aufgetaut werden.

Alternative
Schneiden Sie den Pappkern einer Küchenrolle auf die passende Länge eines Fruchtspießes. Die Papprolle füllen Sie nun mit der Futtermasse und drücken diese fest. Dann schieben Sie der Länge nach den Fruchtspieß

Futterkugeln, Quelle: Diana Eberhardt

hinein und backen die Papprolle mit Spieß 45 Minuten lang wie vorher beschrieben. Nach dieser Zeit vorsichtig die Pappe entfernen und die Futterstange bei gleicher Temperatur nun weitere 45 Minuten im Ofen trocknen. Wenn Ihre Vögel diese Knabberei bereits kennen, entfernen Sie die Pappe das nächste Mal nicht, sondern bieten die Stangen so an, wie sie sind. Ihren Piepsern wird das Entfernen der „Verpackung" eine Menge Spaß machen. Wenn Sie die Knabberstange an einer Sitzmöglichkeit direkt am Volierengitter befestigen, ist es für Ihre Weißbäuche sehr einfach, die Leckerei zu „zerlegen". Hängen Sie die Spieße einfach mal mittig unter der Volierendecke auf. Sie werden feststellen, dass dies für eine Menge Vergnügen und längere Beschäftigung sorgt, da Ihre Vögel sich die Leckerei erarbeiten müssen.

9.2 Kokos-Mango-Herzen

Sie kennen das: Kaum haben Sie etwas Leckeres in der Hand, sind die aufdringlichen Weißbäuche nicht weit. Also habe ich mir einige Rezepte ausgedacht, dessen zubereiteten Speisen sowohl von uns Menschen als auch von unseren Lieblingen genossen werden können. Erna und Oscar sind total verrückt nach meinen weichen Kokos-Mango-Herzen. Probieren Sie diese einmal aus, vielleicht begeistern sich Ihre Papageien ebenso dafür.

- 130 g Kokosraspeln
- 200 g Bio-Vollkornmehl
- 90 g pürierte Mango
- 180 ml Kokoswasser

Alle Zutaten gut miteinander verkneten. Der Teig sollte in etwa die Konsistenz von Mürbeteig haben. Ist Ihre Mango vollreif und sehr saftig, könnte es sein, dass der Teig etwas flüssiger ist. Fügen Sie dann etwas mehr Vollkornmehl hinzu oder verlängern später die Backzeit. Nun rollen Sie den Teig ca. 1 cm dick aus und stechen mit einer Keksform mehrere Herzen aus. Die Menge reicht für ein Backblech.

Backzeit: ca. 50 - 75 Minuten im vorgeheizten Backofen auf 125 °C Ober- und Unterhitze, mittlere Schiene. Die Backzeit ist abhängig von der Dicke der Kekse und davon, wie hart diese sein sollen (kuchenartig weich oder etwas fester). Der Reifegrad der Mango spielt – wie

Kokos-Mango-Herzen, Quelle: Diana Eberhardt

bereits erwähnt - ebenfalls eine Rolle. Hier ist die Vorliebe Ihrer Vögel gefragt. Ich nehme z. B. einen Teil der Kekse bereits nach 50 Minuten aus dem Ofen und lasse den Rest etwas fester werden.

Wenn man vor dem Backen jeweils eine Edelstahlschraube mittig in die Herzen steckt und diese später aus den ausgekühlten fertigen Keksen entfernt, können diese auf einem Futterspieß befestigt werden. Der Spaßfaktor erhöht sich dadurch beim Naschen.

9.3 Eis

Im Sommer genießen wir Menschen gern ein kühles Eis. Damit unsere Weißbäuche nicht mit tropfendem Schnabel zuschauen müssen, gibt es für sie schnell hergestelltes Fruchteis. Dazu püriere ich das Lieblingsobst und friere es im Eiswürfelbehälter ein. Erna und Oscar schlecken gern die Eiswürfel, die ich in einen leeren Futternapf lege. Natürlich wird das Schmausen von einem fröhlichen Schnarren begleitet.

9.4 Süßkartoffel-Möhren-Kroketten

Unseren Weißbäuchen schmeckt zwischendurch ein lauwarmer Snack sehr gut. Die Kroketten sind einfach vorbereitet und lassen sich gut einfrieren.

- 90 g gekochte und pürierte Süßkartoffel
- 70 g fein geriebene rohe Möhre
- 60 g kernige Haferflocken
- 30 g getrocknete Papayawürfel (Alternative: andere kleine getrocknete Gemüse- oder Obstwürfel)

Die Zutaten mit den Händen gut miteinander vermengen und Stäbchen von ca. 7 cm Länge und einem Durchmesser von ca. 1,5 cm formen. Die Menge reicht für 1/3 Backblech.

Backzeit: ca. 60 - 75 Minuten im vorgeheizten Backofen auf 125 °C Ober- und Unterhitze, mittlere Schiene Die Kroketten nach der Hälfte der Backzeit wenden und dann lauwarm verfüttern.

PRAXISTIPP

Wenn Sie Naschereien für Ihre Lieblinge backen möchten, dann verzichten Sie möglichst komplett auf Eier. Ein Ei kann z. B. durch einen geriebenen Apfel oder eine pürierte Banane ersetzt werden.

Süßkartoffel-Möhren-Kroketten, Quelle: Diana Eberhardt

Kapitel 10

Treat-Spielzeuge

Keine Chance der Langeweile

Da die Vögel in der Natur hart für ihr Futter arbeiten müssen, sollten wir es unseren Lieblingen daheim auch nicht zu leicht machen, an die Köstlichkeiten zu gelangen. Dadurch wird die Nahrungsaufnahme verlangsamt und Langweile sowie Unterforderung mit den unerwünschten Nebeneffekten wie Unausgeglichenheit, Schreien usw. vermieden. Erna und Oscar bekommen Körnerfutter in sogenannten Treat-Spielzeugen. Ich hatte allerdings mit einem Modell die Pleite des Jahrhunderts. Ich dachte, ich kaufe mal ein kompliziertes Spielzeug, damit sie gut beschäftigt sind, während ich ein paar Seiten dieses Buches schreibe. Nun ja, das lang ersehnte Treat-Spielzeug kam endlich an, ich habe es gespült und trocknen lassen. Dann der große Moment des Befüllens und Hinstellens. Tja, was soll ich sagen? Innerhalb von ein paar Minuten waren die Leckerchen geplündert... Soviel zum Thema, ich beschäftige die beiden mal für eine längere Zeit, damit sie mir während des Schreibens nicht auf der Tastatur rumhüpfen, um diverse Tasten daraus zu klauen....

Theorie:

Treat-Spielzeuge sind Spielzeuge, mit denen sich die Vögel das Futter erarbeiten müssen. Im Regenwald bekommen unsere Lieblinge ihre Nahrung ja auch nicht schön angerichtet vor den Schnabel gesetzt. Diese Spielzeuge gibt es in den verschiedensten Materialen und Ausführungen zu kaufen, z. B. als Tischspielzeug oder zum Aufhängen. Ich besitze eine größere Palette davon, die wirklich gerne angenommen wird. Mir wurde empfohlen, immer mindestens drei Treat-Spielzeuge gleichzeitig anzubieten, damit keine Langeweile aufkommt. Erna und Oscar haben allerdings in ihrer Voliere fünf bis sieben verschiedene. Diese müssen regelmäßig gegen andere ausgewechselt werden. Es bietet sich an, zusätzlich zum gekauften Spielzeug selber welches zu basteln. Bitte bieten Sie Ihren Papageien nicht direkt ein sehr komplexes Teil an, welches sie absolut überfordern würde. Man muss auf jeden Fall mit einfachen Spielzeugen anfangen und dann nach und nach je nach Geschicklichkeit der Vögel den Schwierigkeitsgrad steigern. Im gut sortierten Bastelgeschäft gibt es unbedruckte kleine Pappschachteln, die man befüllen kann. Weiterhin eignen sich leere Pappkerne von Küchenrollen, die man füllt und deren Enden dann jeweils nach innen geklappt werden. Schnell und einfach kann man Leckerchen in Papier einwickeln. Unsere gefiederten Freunde haben wirklich viel Vergnügen am Auspacken ihres Futters. Wer nett in der örtlichen Pizzeria nachfragt, erhält garantiert ein paar neue Dosen für Kräuterbutter, denn

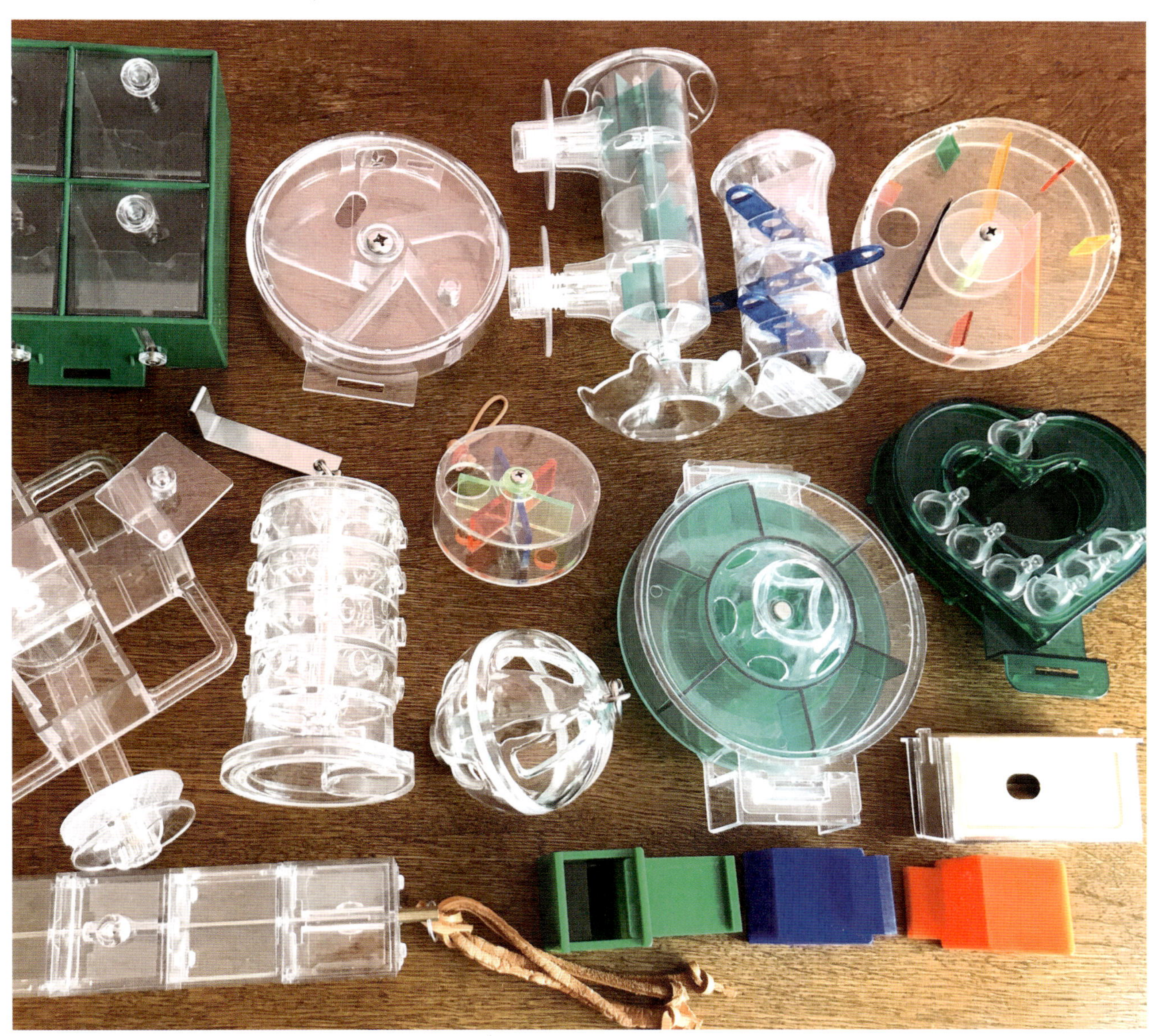

Treat-Spielzeuge aus Acryl, Quelle: Diana Eberhardt

Selbst gebastelte Treat-Spielzeuge aus Holz, Quelle: Diana Eberhardt

die Vögel haben schnell den Dreh raus, wie man den Deckel ablöst, um an den begehrten Inhalt zu gelangen. Gönnen Sie Ihren Weißbäuchen auch mal einen mit weitestgehend staubfreiem Bioheu sowie getrockneten Blüten von Löwenzahn, Hibiskus usw. gefüllten Karton, in dem Sie z. B. Pinienkerne verstecken. Das Heu fliegt dann zwar überall herum, aber ist den immensen Spaß, den die Tiere haben, allemal wert. Nun können Sie den Schwierigkeitsgrad steigern, denn Ihre Vögel sind sehr schlau und denken mit. Mittlerweile lösen Erna und Oscar selbst die Spielzeuge, die für die größeren Papageien im Handel erhältlich sind, mit Bravour.

Befestigen Sie das tägliche Gemüse und Obst an einem Edelstahlspieß, an dessen unterem Ende eine Unterlegscheibe und Mutter die Frischkost vor dem Herunterfallen sichert. In Stücke geschnittenes Obst/Gemüse wird gern aus einem sogenannten Buffetball, einem Acrylball mit Löchern, herausgesucht. Sie können eine Möhre aufhängen, Löcher hineinbohren und dort Körner oder kleine Stückchen Frischkost hineinstecken. Sie sehen, allein die Auswahl, Gemüse und Obst erarbeiten zu lassen, ist sehr groß und noch erweiterbar.

In der Voliere hängen mehrere Acrylspielzeuge, aus denen Erna und Oscar liebend gern ihre tägliche Ration Körner heraussuchen. Spielzeuge aus diesem Material haben den Vorteil, dass sie leicht zu reinigen sind.

Selbst hergestellte Futterverstecke aus unbehandelten Naturmaterialien wie wiederverwendbare Futterverstecke aus Holz, Einmalspielzeuge wie gefüllte Weidenbälle usw. bieten weiteren Spaß an der Futtersuche. Im nächsten Kapitel erhalten Sie eine Bastelanleitung für ein Treat-Spielzeug aus Holz, welches Sie einfach nachbauen können.

Futter erarbeiten klappt auch im Team, Quelle: Diana Eberhardt

PRAXISTIPP

Wenn Sie Holz für Spielzeuge einfärben möchten, empfehle ich azofreie Lebensmittelfarbe aus dem Supermarkt. Zum Trocknen wird das eingefärbte und leicht trocken getupfte Holz ca. 15 Minuten auf mittlerer Schiene im Backofen auf 50 °C Ober- und Unterhitze getrocknet.

Kapitel 11

Spielzeuge basteln

11.1 Allgemeines

Das Basteln von Spielzeugen ist mein besonderes Steckenpferd, welches ich Ihnen gern ein wenig näherbringen möchte. Es gibt verschiedene Arten von Spielzeugen. In diesem Kapitel finden Sie eine Anleitung für ein Treat- Spielzeug aus Holz, aus dem sich Ihre Weißbauchpapageien das Futter erarbeiten können. Schredderspielzeuge dürfen natürlich auch nicht fehlen, denn unsere Kobolde müssen Gelegenheit bekommen, ihre überschüssige Energie los zu werden.

Aber nun erst mal ein wenig Theorie:
Warum habe ich angefangen, Spielzeuge zu basteln? Nun, viele der im Handel erhältlichen Spielzeuge sind entweder nicht sicher (verzinkte Materialien, zu kleine Kettenglieder usw.) oder hinsichtlich ihrer Größe nicht passend. Andere sind für Erna und Oscar einfach nicht attraktiv und ansprechend gewesen, so dass diese dann unbenutzt in der Voliere hingen.

11.2 Materialien

Im gut sortierten Handel für Vogelbedarf findet man in ausgewählten Shops hervorragendes unbehandeltes natürliches Bastelmaterial, welches bedenkenlos genutzt werden kann.

Beispiele für risikoreiche/unsichere Materialien

- alle handelsüblichen Metalle außer Edelstahl (Chrom, Zink, Messing o. ä.)
- Sabberlack an Kinderspielzeug, alle anderen Lacke und Farben (außer azofreie Lebensmittelfarbe)
- Karabiner, Schlüsselringe (Vögel können mit dem Schnabel darin hängen bleiben.)
- zu kleine Kettenglieder (Vögel können mit den Füßen hängen bleiben.)
- Seile: Gedrehte Baumwolle (Gefahr des Hängenbleibens, Fasern können gefressen werden und setzen sich im Kropf fest.)

Beispiele für geeignete Materialien

- Edelstahl (z. B. großgliedrige Ketten, schraubbare Kettenglieder, Schäkel, Unterlegscheiben, Muttern, Schrauben, Futterspieße)
- unbehandeltes Holz (z. B. Balsa, Obstbäume, Kiefer, Fichte, Buche, getrocknete Birke, Bambus)
- unbehandelter Kork (Äste, Röhren, Stücke)
- weitere hochwertige Naturmaterialien wie Grasmatten, Kokos, Weide, Maisstroh, Palmblätter, Luffa, Grasbänder, Zapfen (z. B. Banksia, Pinie)

Treat-Spielzeug „Maulwurf", Quelle: Diana Eberhardt

- Naturfarbe aus ungiftigen Pflanzen, azofreie Lebensmittelfarbe
- chlorfrei gebleichtes Papier/Pappe
- pflanzlich gegerbtes Leder
- Acryl

11.3 Bastelanleitung Treat-Spielzeug „Maulwurf"

Es wird benötigt:

- 2 Bretter 20x20cm
- 4 Holzklötze 7,5 x 2,5 x 1,5 cm (L x B x H)
- 4 Schrauben M3x6
- 4 Sechskantmuttern M3 (alternativ Hutmuttern M3)
- 4 Unterlegscheiben

Das erste Brett wird mit Hilfe eines 25 mm Forstnerbohrers insgesamt 4 Mal durchbohrt und zwar 2 cm vom Rand der beiden Brettenden jeweils 2 Löcher. Die Bohrstellen abschmirgeln. Nun schraubt man beide Bretter von unten übereinander. Die Leckerchen kommen später in die vier Vertiefungen. Von deren innerem Rand aus wird zur Mitte des Brettes hin im Abstand von 3 cm jeweils ein Loch mit einem Durchmesser von 4 mm gebohrt. Die Holzklötzchen werden im vorderen Drittel ebenfalls jeweils mit einem 4 mm Loch versehen. Dann werden die Klötze mithilfe der Schrauben von unten an den Holzbrettern befestigt, so dass die Klötzchen oben mit einer Unterlegscheibe und Mutter gesichert sind. Die Muttern werden nur so fest angezogen, dass sich die Klötze noch leicht bewegen lassen. Um an die Belohnung zu gelangen, müssen die Vögel nun die Klötzchen beiseiteschieben und die Leckerchen aus den Vertiefungen angeln.

11.4 Schnell gebasteltes Schredderspielzeug

An dieser Stelle finden Sie ein paar Anregungen für Schredderspielzeuge. Erna und Oscar haben sowohl Fußspielzeuge, die sie locker in den Füßen halten und so zerlegen können als auch welche zum Aufhängen. Schredderspielzeuge, die als Basis einen Edelstahlspieß besitzen, auf den die einzelnen Teile einfach aufgefädelt werden, lassen sich sehr schnell zwischendurch anfertigen. Diese sind ideal für Berufstätige, die ihren Vögeln gern täglich mindestens ein neues Spielzeug zur Beschäftigung ins Vogelzimmer oder in die Voliere hängen möchten, aber nicht ganz so viel Zeit haben, komplexere Dinge zu basteln. Nur ein kaputtes bzw. zerlegtes Spielzeug ist ein gutes Spielzeug, denn dadurch bekommen Sie gezeigt, dass Ihre Vögel Spaß daran haben, sinnvoll beschäftigt sind und nicht auf Dummheiten kommen wie z. B. das Inventar Ihrer Wohnung zu zerlegen. Was nützen die schönsten und farbenprächtigsten Spielzeuge, die unangetastet herumliegen oder -hängen und verstauben, aber dafür Ihre Tapete in Fetzen hängt oder der Holzstuhl zerlegt ist, weil eine Ersatzbeschäftigung gesucht wurde?

Einfache selbst gebastelte Schredderspielzeuge, Quelle: Diana Eberhardt

PRAXISTIPP

Bezüglich der Schlaufen in z. B. Leder- oder Grasbändern für die Aufhängung von Hängespielzeugen habe ich mir die „Daumenregel" ausgedacht: Wenn die Schlaufe so groß ist, dass mein Daumen genau hindurchpasst, ist sie perfekt. Sie ist dann nicht zu groß, sprich es passt kein Weißbauch-Köpfchen hindurch, um die Strangulationsgefahr zu vermeiden und auch nicht zu klein, damit die Vögel nicht mit den Füßen oder Zehen darin hängenbleiben können.

Kapitel 12

Gefahren im Alltag

12.1 Allgemeines

Damit wären wir schon beim nächsten Thema angekommen, den alltäglichen Gefahren in unserem Haushalt. Vergessen wir nicht, wir beherbergen Weißbäuche, die mutiger sind als es für sie gut ist. Keine Öffnung ist zu klein zum Hineinzwängen. So wird sich auch gern mal kopfüber bis zur Basis der Flügel in den schmalen Hals einer Blumenvase gezwängt. Nicht auszudenken, was passieren würde, wenn nicht alle Vasen mit Kieselsteinen o. ä. gefüllt und beschwert wären, damit sie nicht umkippen können.

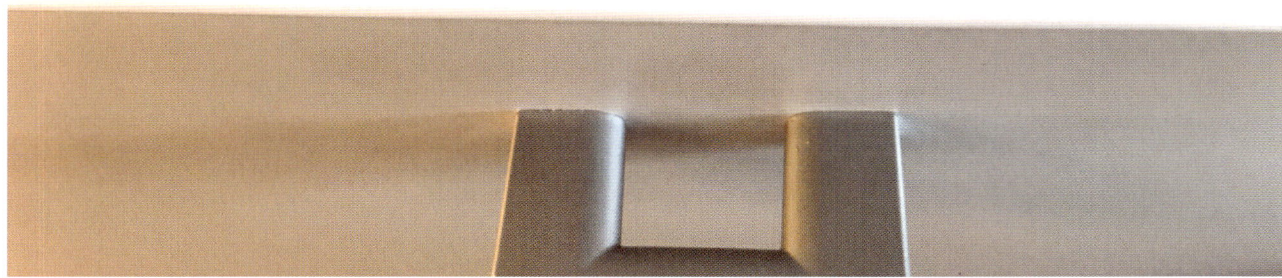

Oscar hat die Schublade geöffnet und ist hineingekrochen, Quelle: Diana Eberhardt

Wo ist der Weißbauch?

Oscar liebt Versteckspielen über alles und freut sich laut kichernd wie ein Schneekönig, wenn ich ihn gefunden habe. Manchmal ist das allerdings nur mit der Hilfe von Erna möglich, die mir sein Versteck verrät, indem sie sich in unmittelbare Nähe davon hinsetzt und loskrakeelt. Oscar, der sonst nie den Schnabel halten kann, gibt in diesen Situationen keinen Mucks von sich. Sie können sich nicht vorstellen, in welch kurzer Zeit der Puls in schwindelerregende Höhen schnellt, man Schnappatmung bekommt und sich so langsam Panik breitmacht, wenn das Vögelchen nirgendwo zu finden ist. Momentan ist es beliebt, sich unter dem Bettüberwurf zu verstecken, zwischen Fenster und Rollo oder hinter der ausziehbaren Tastatur-Schublade des Computers. Manchmal versteckt der kleine Kobold sich auch unter der Platte des rollbaren Freisitzes oder legt sich platt wie eine Flunder auf dem Rücken in die Schublade des Spiegelschrankes im Bad. Bitte passen Sie immer auf, wohin Sie treten oder wenn Sie mit einem Stuhl nach hinten rollen. Also, liebe Weißbauchfreunde, allergrößte Obacht ist geboten.

Vogelsicher statt vogelfrei

Erna und Oscar fliegen zwar eher wie dicke Hummeln aber sie klettern so hervorragend, dass es unvorstellbar ist. Gerne hängen sie kopfüber am Pullover, in den Haaren oder von den Lampen. Bitte machen Sie wirklich alles „vogelfest“, d. h. schließen sie alle Lücken hinter den Schränken und lassen Sie keine Glas- oder Porzellanfigürchen unbeaufsichtigt in offenen Regalen stehen. Hier wären Glasvitrinen angeraten oder Sie müssten Ihre Dekorationen ankleben oder anschrauben. Ich spreche aus Erfahrung. Es ist zwar in den meisten Fällen kein Weltuntergang, wenn eine Nippesfigur zerschellt, aber durch das abspringende Glas oder Porzellan können sich die Vögel böse Verletzungen zuziehen. Und Sie sich selber auch.

Wenn Sie denken, dass alle Schränke sicher sind, befinden Sie sich im Irrtum. Nein, KEIN Schrank ist sicher. Leider haben sich Erna und Oscar ganz genau angeschaut, wie der Mechanismus der Schranktüren und Schubladen funktioniert. Sie sind mittlerweile dazu in der Lage, leichte Schranktüren und alle Schubladen selbst zu öffnen und dann den Inhalt des verbotenen Paradieses genau zu untersuchen und zu schreddern. Wehe, sie sind im Vorratsschrank gelandet! Übrigens ergibt sich hierdurch ein unfreiwilliges Versteckspiel, wenn die Schranktür hinter den Vögeln zuklappt.

Tüftler

Zimmertüren sollten Sie niemals nur angelehnt lassen. Schnell ist mal ein Zeh eingeklemmt. Aber, da wir ja über Weißbäuche reden, gibt es noch einen anderen Grund. Meine beiden haben durch wochenlanges Üben herausbekommen, wie man angelehnte Türen oben auf ihnen sitzend öffnet. Das funktioniert in Teamarbeit ganz einfach. Die Schnäbel werden in den kleinen Spalt gesteckt und dann geht man immer näher Richtung Türangel, wodurch die Tür dann weiter aufschwingt. Wenn die Tür so weit offen ist, dass man am äußeren

Gesicherter Luftwäscher und -befeuchter, Quelle: Diana Eberhardt

Ende das Köpfchen durchstecken kann, ist es nur noch eine Kleinigkeit, so lange zu drücken, bis man auch mit den Flügeln hindurchkommt, sich kamikazemäßig in den freien Fall begibt, um dann kurz vor dem Aufprall auf dem Boden schnell durchzustarten.

Vor allem während der Heizperiode kommt der notwendige Luftwäscher und -befeuchter täglich zum Einsatz. Leider haben meine Tüftler sehr schnell herausgefunden, wie man diesen demontiert. Das Motto bei Erna und Oscar lautet: „Ganz oder gar nicht!" Demnach war leider keine Reparatur möglich sondern ein Neukauf stand an. Ich gebe zukünftigen Haltern von Weißbäuchen den guten Rat, Geräte, die frei im Vogelzimmer erreichbar sind, mit einem passenden Gitterkäfig zu sichern.

12.2 Gefahrenquellen in Küche und Haushalt

Theorie

Dass Vögel nichts in der Küche zu suchen haben, wenn gekocht wird, sollte selbstverständlich sein.
Die Gefahrenquellen sind u. a.:

- Einatmen heißer Kochdämpfe
- Verbrennungen durch heiße Herdplatten, heiße Kochtöpfe
- Ertrinken im Spülwasser, da der Schaum irrtümlich als feste Landebahn angesehen wird
- Tod durch Dämpfe von überhitzten Antihaftbeschichtungen
- Naschen ungesunder Lebensmittel
- Weitere Gefahrenquellen im Haushalt sind u. a. Verbrennungen durch z. B. heiße Bügeleisen, Kamin, Kerzen und Halogenlampen
- Gesundheitsgefahren durch Duftkerzen, Raumsprays, Deos, Rauch von Zigaretten, Zigarren, Zigarillos und Pfeife, Dampf von E-Zigaretten und Shishas (u. a. Formaldehyd)
- Vergiftungen durch Zigarettenstummel (Nikotin), Putzmittel, Duftlampen, Minen von Kugelschreiber und Filzstift, Rauch von Kerzen und Kaminen
- Entfliegen (auch durch „nur" gekippte Fenster)
- Stromschläge, da Weißbäuche es lieben, Stromkabel anzunagen (Abhilfe schaffen Kabelkanäle und Schutzschläuche) und gegen Zunge in die Steckdosen stecken helfen Steckdosenabdeckungen. Des Weiteren habe ich an allen Haushaltsgeräten vorsichtshalber Steckdosenschalter angebracht, die ausgeschaltet sind, wenn die entsprechenden Geräte sich nicht in Gebrauch befinden.
- Bleivergiftungen durch Gardinenbänder, Tiffanylampen/-bilder/-schmuck o. ä.
- Ertrinken in Vasen, Putzeimern, Gießkannen, geöffneten Toilettendeckeln, Teekannen (Meine Vögel heben die Deckel der Kannen ab und beugen sich kopfüber, um ungesüßten Kräutertee zu naschen)
- Tödliche Verletzungen durch Bisse von z. B. Katzen oder Hunden (Die Bakterien im Speichel dieser Haustiere reichen bereits aus, um lebensbedrohli-

che Zustände herbeizuführen, wenn diese in eine Wunde beim Vogel eindringen.)

- Genickbruch durch Kollision mit Glasscheiben. Bitte die Vögel langsam daran gewöhnen, z. B. zu Beginn Klebezettel an die Scheiben kleben
- Ersticken durch herumliegende Plastiktüten, Folien etc.
- Strangulieren durch lange Fäden wie z. B. an Fadengardinen, Teppichfransen usw.
- Steckenbleiben hinter Schränken (Die Schränke

Schwierig, auf diese Rasselbande aufzupassen, Quelle: Janina und Meik Mees

oben so abdecken, dass kein Spalt bleibt, in den die Vögel fallen können. Den Kühlschrank deckt man wegen der Lüftung am besten mit einem Gitter ab.)
- Vergiftungen durch Zimmerpflanzen oder deren gedüngte Erde sowie Schimmelsporen in der Blumenerde

12.3 Zimmerpflanzen

Die meisten Zimmerpflanzen sind nicht für unsere Vögel geeignet, da sie früher oder später doch daran nagen oder die Erde herausholen. Es gibt allerdings einige unbedenkliche, die jedoch generell in unbehandelte Bioerde, reine Kokoserde oder spezielle Vogelerde umgetopft werden sollten, da die konventionelle Erde mit Dünger versehen und oft von Schimmelsporen durchsetzt ist. Am besten ist es, die komplette Pflanze mitsamt der Wurzel vor dem Umtopfen vorsichtig abzubrausen. „Unbedenklich“ heißt nicht, dass die Vögel diese Pflanze komplett futtern sollen aber es schadet ihnen nicht, wenn sie daran nagen und ein wenig davon fressen.

Einige Beispiele für unbedenkliche Zimmerpflanzen
- Bambus (kein Zierbambus)
- Bananenpflanze (Essbanane, Miniessbanane)
- Bergpalme
- Bubikopf
- Fleißiges Lieschen
- Gerbera
- Glockenblume
- Grünlilie (Nur die Blätter sind unbedenklich. Blüten, Samen und Wurzeln sind gesundheitsschädlich.)
- Hanfpalme
- Hasenfußfarn
- Katzengras (Weizengras)
- Kentiapalme
- Kriechendes Schönpolster (Golliwoog)
- Pantoffelblume
- Zimmeresche
- Zyperngras

Bergpalme, Quelle: Diana Eberhardt

Miniessbanane, Quelle: Diana Eberhardt

Grünlilie, Quelle: Diana Eberhardt

PRAXISTIPP

Wenn Sie vermeiden möchten, dass Ihre Vögel in der Blumenerde scharren, können Sie die Blumentöpfe z. B. mit einem Gitter abdecken oder kleine Kieselsteine auf die Blumenerde legen. Achten Sie aber unbedingt auf evtl. Staunässe (Schimmelgefahr).

Foto rechts: Kentiapalme, Quelle: Diana Eberhardt

Kapitel 13

Medical Training

Theorie

Medical Training, also das Medizinische Training, ist eine wichtige Komponente bei der Haltung von Papageien. Dadurch werden die Vorsorge, Untersuchung und auch Behandlung im Krankheitsfall sowohl den Vögeln als auch den Haltern und dem vogelkundigen Tierarzt erleichtert. Das Training erfolgt ebenfalls immer nur wenige Minuten am Tag und nur dann, wenn die Vögel wirklich Lust drauf haben. Sie sollten mindestens die folgenden Übungen regelmäßig mit Ihren Weißbäuchen durchführen:

- Hineinsetzen in die Transportbox und entspannt darin bleiben
- Turnusmäßiges Wiegen (morgens früh vor dem Frühstück und nach dem großen Morgenkot)
- Gabe von Flüssigkeiten/Brei mit einer Spritze in den Schnabel
- Hochheben und Untersuchung der Füße

All dies wirkt sich positiv auf den Tierarztbesuch aus, denn durch die Übungen ergibt sich automatisch eine Routine, wodurch für die Vögel weniger Stress entsteht und die dem Tierarzt die Untersuchung vereinfacht. Außerdem sind Sie selbst entspannter, was sich auf die Vögel überträgt.

Mit gutem Beispiel vorangehen

So sieht es bei Erna und Oscar aus und vielleicht können Sie einige Anregungen übernehmen:

- Einmal wöchentlich steigen sie selbstständig auf Kommando auf die Küchenwaage, was übrigens auch beim Tierarzt bestens funktioniert.
- Sie lassen sich freiwillig auf den Rücken legen und bleiben auch längere Zeit liegen.
- Beide lieben es, wenn ich mit einer Nagelfeile vorsichtig die Schnabelspitze oder die Krallenspitzen bearbeite. Sie schnarren dabei vor Genuss.
- Zusätzlich bekommen meine Vögel verschiedene Flüssigkeiten und Futterbrei vorsichtig mit einer Spritze (ohne Kanüle!!!) in den Schnabel gegeben. Beide sitzen auf der Arbeitsplatte in der Küche und reißen ihre Schnäbel auf, wenn sie die gefüllte Spritze sehen, egal, ob verschiedene Teesorten, Futterbrei oder Obstmus angeboten werden. Warum mache ich das? Nun, jeder Vogel wird irgendwann einmal Medikamente einnehmen müssen, die man auf diese Art gezielt und ohne Stress verabreichen kann.
- Sie lassen es zu, dass man ihre Flügel ausstreckt und dass man sie am gesamten Körper anfasst.
- Es ist für sie Routine, in die Transportbox zu klet-

Spritzentraining, Quelle: Diana Eberhardt

tern und darin im Auto gefahren zu werden.

- Ich lasse Erna und Oscar mit Spritzen und Tupferstäbchen unter Aufsicht spielen, damit sie diese Dinge bereits kennen. Sie öffnen die Schnäbel, wenn ich ihnen ein Tupferstäbchen hinhalte, was sich während des Tierarztbesuchs beim Abstrich positiv bemerkbar macht.
- Das Sprühen von Octenisept (Desinfektionsmittel für

Krallenfeilen, Quelle: Diana Eberhardt

Wunden) übe ich, indem ich eine leere Flasche davon mit Wasser befülle und die beiden damit ansprühe.

- Mit der Pinzette lassen sie sich im Gefieder überall berühren.
- Der Fixiergriff ist Routine.
- Die Erste-Hilfe-Kiste kennen sie, weil ich diese anfangs immer unter Aufsicht zum Spielen gegeben habe und sie beim Medical Training mit auf dem Tisch steht.
- Ich führe das Training oft mit unterschiedlichen

Handschuhen durch, z. B. unterschiedlich gefärbte Einmalhandschuhe oder Lederhandschuhe.
- Dass ich die Schnabelspitzen mit dem (nicht eingeschalteten) Lötkolben berühre, ist für sie Routine.
- Erna und Oscar lassen sich problemlos in ein Handtuch wickeln, falls der Tierarzt dies tun sollte.
- Während der Heizperiode wird regelmäßig mit Kochsalzlösung inhaliert, so dass sie im Ernstfall auch gelassen den lauten Kompressor des Inhalators hinnehmen.

Für den Notfall habe ich Aufzuchtbreipulver eingefroren. Wir hatten bereits den Fall, dass durch zu wildes Toben bei Erna die Schnabelspitze abgebrochen ist und sie vorübergehend keine Körner futtern konnte. Also gab es dann den Aufzuchtbrei sowie püriertes Obst und Gemüse.

Theorie

Sprechen Sie Ihren Tierarzt auf spezielle Erste-Hilfe-Lehrgänge für Vögel an. Von Zeit zu Zeit werden diese angeboten. Ansonsten lassen Sie sich bitte von ihm die wichtigsten Dinge zeigen und führen diese unter seiner Aufsicht durch. Ich empfehle zusätzlich den Kauf eines Erste-Hilfe- bzw. Notfallratgebers, der allerdings niemals den Tierarztbesuch ersetzen darf.

Auf großem Fuß

An dieser Stelle möchte ich kurz auf die Krallenlänge eingehen. Setzen Sie Ihren Vogel vor sich auf die Tischplatte. Der komplette Fuß, also jeder einzelne Zeh, muss flach aufliegen. Steht ein Zeh am Ende hoch, ist die entsprechende Kralle zu lang und muss gekürzt werden. Bitte lassen Sie dies beim Tierarzt durchführen, denn gerade bei dunklen Krallen erkennt man von außen die Blutgefäße nicht und verletzt diese, wenn zu viel abgefeilt wird. Eine mitunter schwer zu stoppende Blutung ist dann die Folge. Der Tierarzt wird Ihnen auf Wunsch erklären, wie Sie die Krallen selbst korrekt kürzen.

Besser Vorsorge als Nachsorge

Abschließend möchte ich Ihnen die jährliche Kontrolluntersuchung beim vogelkundigen Tierarzt sehr ans Herz legen. Es können frühzeitig ernsthafte Erkrankungen, Mangelernährung usw. festgestellt werden und Sie erhalten einen genauen Überblick über den aktuellen Gesundheitszustand Ihrer Vögel. Wenn diese erste Krankheitsanzeichen zeigen, ist es nämlich oft zu spät, denn da sie Beutetiere sind und sich in der freien Wildbahn keine Schwäche leisten können, sind sie wahre Meister im Verstecken von Krankheiten.

PRAXISTIPP

Wenn Sie Ihre Vögel auf eventuelle Verletzungen, defekte Federn o. ä. hin untersuchen, wird Ihnen am unteren Rücken am Schwanzansatz eine weiße Feder auffallen. Bitte keine Panik. Dies ist normal. Es handelt sich um die Feder, die sich direkt an der Bürzeldrüse befindet. Das Sekret der Bürzeldrüse wird beim Putzen des Gefieders mit dem Schnabel aufgenommen und gewissermaßen als Schutzfilm auf die Federn aufgebracht.

Kapitel 14

Kranker Weißbauchpapagei - Was nun?

14.1 Allgemeines

Theorie

Kommen wir zum Thema Verletzungen und Krankheiten. Eines vorweg: Falls Sie den Eindruck haben sollten, dass es Ihrem Vogel nicht wirklich gut geht, dann kontaktieren Sie auf jeden Fall umgehend einen vogelkundigen Tierarzt, denn unsere gefiederten Freunde sind dazu in der Lage, Schmerzen und Unwohlsein sehr gut zu verbergen, und wenn sie es sich anmerken lassen, ist dringende Hilfe notwendig. Es ist dann unabdingbar, dass Sie einen vogelkundigen Tierarzt aufsuchen. Warum unbedingt einen vogelkundigen? Nun, dieser hat eine mehrjährige Zusatzausbildung absolviert und kann – im Gegensatz zu anderen allgemeinen Tierärzten – genau beurteilen, was unseren Lieblingen fehlt und gezielt daraufhin behandeln.

Für den Fall der Fälle habe ich sowohl eine Erste-Hilfe-Kiste für akute Notfälle als auch eine Hausapotheke daheim. Durch das wilde Toben passieren schon mal kleinere Blessuren, die dann entsprechend versorgt werden können, im Zweifel immer nach Rücksprache mit dem vogelkundigen Tierarzt. Um im Bedarfsfall gut vorbereitet zu sein, führe ich mit Erna und Oscar regelmäßig das im vorherigen Kapitel beschriebene Medical Training durch.

14.2 Erste-Hilfe-Kiste

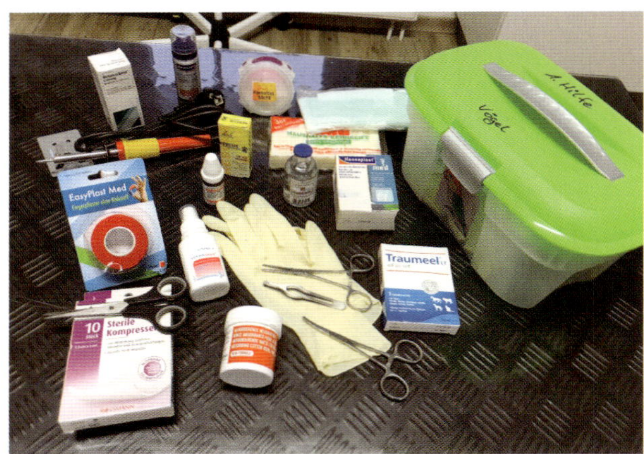

Teilweiser Inhalt einer Erste-Hilfe-Kiste, Quelle: Diana Eberhardt

Theorie

Mögliche Inhalte einer Erste-Hilfe-Kiste für Vögel

- Desinfektionsmittel für die Hände
- Octenisept (Desinfektionsmittel für Wunden, welches nicht brennt)
- Einmalhandschuhe
- Blutstiller: Blutstillstift, Sprühpflaster, blutstillende Watte und zusätzlich bei Blutungen der Krallen Kernseife oder Kartoffelmehl

- sterile Kompressen
- selbsthaftender Schnellverband
- Holzspatel zum Schienen
- Schere
- Klemme
- Sprühpflaster
- Mullbinden
- Betaisodona
- Sterile Kochsalzlösung (0,9 %) zum Auswaschen von frischen Wunden
- Traumeel (alkoholfreie Ampullen) z. B. bei Zerrungen und Verstauchungen
- Einwegspritzen in verschiedenen Größen (ohne Kanülen)
- Lötkolben (für nicht zu stoppende Blutungen an den Krallen/am Schnabel)
- Rescue Tropfen (alkoholfrei)
- Arnica-Globulis
- Traubenzucker
- Wattestäbchen

14.3 Hausapotheke

Theorie

Mögliche Inhalte einer Hausapotheke für Vögel

- Augen- und Nasensalbe
- Vitamin- und Mineralstoffpräparate
- Laktobazillen
- Kamillentee
- Calciumpräparat
- Heilerde
- Vogelkohle
- Einwegspritzen in verschiedenen Größen (ohne Kanüle)

Teilweiser Inhalt einer Hausapotheke, Quelle: Diana Eberhardt

- Zitzenspritzenaufsätze
- Inhalator, der mit einer Partikelgröße von max. 3-5 µg vernebelt (Größere Partikel können nicht aufgenommen werden. Ihr Tierarzt wird Sie bei der Wahl des richtigen Gerätes unterstützen.)
- sterile Kochsalzlösung (0,9 %) zum Inhalieren
- Wärmebox (Aufzuchtbox), falls die Vögel wegen Krankheit warmgehalten werden müssen
- Infrarot-Dunkelstrahler/Wärmelampe (Elstein-Keramikstrahler) in einer Keramikfassung, zum Schutz vor Verbrennungen durch ein Gittergehäuse gesichert

- Wärmekissen
- Abstrichröhrchen, Kotprobenröhrchen
- Wattestäbchen, Holzspatel (zum Auftragen von Salben)

Die Behandlungen müssen immer vorher mit dem vogelkundigen Tierarzt abgesprochen werden! Gebrauchen Sie keine Medikamente, Präparate oder „Gerätschaften", über deren Verwendung Sie nicht genau Bescheid wissen. Lassen Sie sich diese im Vorfeld vom Tierarzt erklären.

14.4 Tasso

Zum Schluss ein kleiner Rat am Rande. Wir hoffen alle nicht, dass es passieren sollte aber falls einer unserer Lieblinge entfliegen sollte, wäre es von Vorteil, wenn das Tier vorher bei „TASSO" gemeldet worden wäre. Die Anmeldung ist kostenlos und könnte im Fall der Fälle wesentlich dazu beitragen, dass ein entflogenes Tier schneller wieder dem rechtmäßigen Besitzer zugeführt wird. Anhand der Ring- oder Chipnummer ist jeder Tierarzt in Verbindung mit den zuständigen Landkreisen zwar auch dazu in der Lage, den Vogel zuzuordnen, aber doppelt gemoppelt hält besser.

Notiz am Rande

Die in Kapitel 14 gezeigten und/oder genannten Produkte stellen keinerlei Werbung oder Kaufempfehlung dar. Sie können jederzeit durch andere Produkte mit gleichen Inhalten/Inhaltsstoffen/Wirkweisen ersetzt werden.

PRAXISTIPP

Halten Sie die Erste-Hilfe-Kiste immer griffbereit und machen sich im Vorfeld mit der Handhabung der darin befindlichen Materialien vertraut. Dies kann z. B. im Fall einer starken Blutung kostbare Zeit einsparen.

Nie ohne Partner! Katastrophe, wenn einer entfliegen würde., Quelle: Bianca Green

Kapitel 15

Zucht von Weißbauchpapageien

Fachbeitrag von Tierärztin Carina Anthonj

Junger Pionites im Nistkasten, Quelle: Carina Anthonj

Für jeden Papageienhalter ist es eine Freude und ein Erfolg, wenn seine Schützlinge erfolgreich Junge in die Welt setzen. Da Weißbauchpapageien bereits im Alter von ca. 2 Jahren geschlechtsreif sind, braucht man beim Erwerb eines jungen, harmonierenden Paares meist nicht sehr lange zu warten, ehe man sich bei angepasster Haltung und Fütterung über Nachwuchs freuen kann.

Pionites bevorzugen instinktiv Haltungsformen, bei denen es Versteck-und Rückzugsmöglichkeiten gibt. Ihr natürliches Habitat ist dichter Wald, wo sie sich in den blätterreichen Baumkronen aufhalten. Eine Voliere sollte demzufolge nicht zu allen vier Seiten verdrahtet und offen sein, sondern idealerweise mindestens eine, besser zwei bis drei geschlossene Seiten aufweisen. In meiner Anlage sind diejenigen Paare, denen solche Volieren zur Verfügung stehen, deutlich aktiver als Paare in offener gestalteten Behausungen.

Die Maße meiner Innenvolieren betragen 200-350 cm Länge und 100-200 cm Breite, bei einer Höhe von gut 2 m. Die Rückwände bestehen jeweils aus vorhandenem Mauerwerk, die Seitenwände aus lichtdurchlässigen Sandwichplatten. Durch diese Seitenwände können sich die Vögel nachbarschaftlich begegnen und schemenhaft erkennen, ohne dass es zu Aggressionsverhalten kommt. Naturäste und Schaukeln aus Naturholz, sowie diverse Futterspielzeuge dienen als Einrichtung. Abstand halte ich von Seilspielzeugen, da ich insbesondere bei den verspielten *Pionites* schon schlimme, teils tödliche Verletzungen durch Verstricken im Baumwollseil erlebt habe. Die Decken sind als Nageschutz mit Plexiglas profiliert, welches ich wie einen Himmel blau und weiß gefärbt habe.

Als Nistkästen werden sowohl Naturstammnisthöhlen verwendet als auch Ablaufnistkästen. Letztere werden von Weißbauchpapageien besonders gern angenommen und sind sehr zu empfehlen.

15.1 Balz- und Brutverhalten

Ich halte Weißbauchpapageien jeweils paarweise. Allerdings gibt es einige Ausnahmen, die ich als Besonderheit erwähnen möchte, ausdrücklich aber vor Experimenten diesbezüglich warnen möchte. Die mögliche Aggressivität geschlechtsreifer *Pionites* insbesondere zur Brutzeit ist bekannt. Sowohl der Pfleger als auch versehentlich in die Voliere eingedrungene Tiere können heftigst angegangen werden. Weißbauchpapageien beißen sich gern fest und lassen nicht los. In meiner Anlage halte ich zwei Gruppen von *Pionites*, die unbedingt zusammenleben und auch brüten möchten. Ursprünglich war jedes Paar für sich separat in einer Voliere untergebracht. Die Tiere haben sich von mir unbemerkt durch das Mauerwerk an der Rückwand der Voliere durchgenagt und waren eines Morgens fröhlich zwitschernd in einer Voliere vereint. Sie haben sich zuvor niemals direkt sehen können, lediglich durch Pfeifen miteinander kommunizieren können. Man kann nun sagen: „Das kann ja mal vorkommen“, ist es bei mir sogar ein zweites Mal! Und das sogar artübergreifend, indem Grünzügel- und Rostkappenpapageien miteinander eine Voliere und, trotz Vorhandensein zweier Kästen, auch noch ein und denselben teilen. In eben diesen Kasten legten beide Weibchen ihre Eier und brüteten, es kam nie zu Streitigkeiten! Wie bereits erwähnt, so möchte ich diesen Erfahrungsbericht gern teilen, nicht aber dazu animieren, adulte Paare *Pionites* einfach in einer Voliere zusammen zu setzen.

Brutsaison

Meine *Pionites* brüten allesamt ab dem Frühjahr. Viele Zuchtkollegen berichten hingegen, dass ihre Tiere bereits in den Wintermonaten aktiv werden. Ich bin überzeugt davon, dass sich mein Papageienbestand durch Kommunikation untereinander gegenseitig zur Brut aktiviert. Ich habe in der Vergangenheit einige „Winterbrüter“ anderer Züchter übernommen und auch die Fütterung der Tiere für eine Brut im Winter angepasst. Allerdings blieb eine Zuchtaktivität aus. Erst im Frühjahr, als auch der Rest meines Bestandes, der aus verschiedenen Amazonenarten besteht, aktiv wurde, schlossen sich die ehemaligen Winterbrüter dem allgemeinen Brutgeschäft an. Ab diesem Zeitpunkt schritten sämtliche *Pionites*paare ausschließlich ab dem Frühjahr zur Brut.

Vor und während der Brutphase wird die Fütterung angepasst. Um Eier produzieren zu können, die dem darin heranwachsenden Küken alle zur Entwicklung nötigen Vitalstoffe liefern, braucht die Henne selbst ein ausreichendes Maß an Energie, Eiweiß, Mineralien, Vitaminen und Spurenelementen. Das Grundfutter meiner Vögel besteht aus Pellets der Firmen Roudybush und Nutribird, welches saisonal durch verschiedenes Obst, Gemüse und Grünfutter ergänzt wird. Zur Zuchtvorbereitung werden Pellets in der High-Energy-Variante verwendet, die mehr Protein und Calcium enthalten. Zudem ergänze ich den Speiseplan durch Kochfutter mit einer Sämereienmischung und verschiedenen Gemüsen sowie Eifutter, welches sehr gern angenommen wird. Weitere Vitalstoffe und zusätzlich einen Kick für das Immunsystem bringt Gladiator Plus, eine Flüssigkeit rein pflanzlichen Ursprungs, die ich dem Trinkwasser rund 6 Wochen vor Beginn der Brutzeit als Kur zufüge.

Balzverhalten

Das Balzverhalten nicht zahmer Weißbauchpapageien ist sehr verhalten und keinesfalls mit dem eindeutigen und lautstarken Trieb-und Balzgehabe meiner Amazonen zu vergleichen. Eine gute Freundin, ebenfalls Halterin und Züchterin eines jedoch zahmen Paares Rostkappenpapageien, bemerkt hingegen vermehrte Partnerfütterung, Betteln der Henne, Balz und Kopulation auch in der Voliere. Meine eigenen Vögel halten sich diesbezüglich mir gegenüber sehr zurück. Irgendwann ist das Weißbauchpapageienweibchen im Kasten verschwunden und es gibt Eier! Der Kasten wird im Vorfeld gern von innen wie auch von außen um das Einflugloch herum dem individuellen architektonischen Geschmack seiner Bewohner angepasst. Einstreu im

Nistkasten wird meist von den Vögeln entsorgt. Sie verwenden ihr eigenes Holzschredder zum Auspolstern der Nistmulde.

15.2 Gelege und Schlupf

Geschlüpfte Rostkappenpapageien und Ei im Nistkasten, Quelle: Ulrike und Thorsten Rößler

Das Gelege umfasst 2 - 4, selten mehr Eier, die jeweils um die 9 g wiegen. Das Intervall zwischen den Eiablagen beträgt meist 3, seltener 2 oder mehr als 4 Tage und kann auch innerhalb einer Brut variieren. Die Eier sind rein weiß und werden ausschließlich vom Weibchen bebrütet. Der Vogel kommt in der Regel nur morgens und abends kurz aus dem Kasten, um Kot abzusetzen und ein wenig Futter und Wasser aufzunehmen. Das Männchen versorgt sie zwischendrin im Kasten und bewacht diesen den Rest des Tages in unmittelbarer Nähe des Einfluglochs. Die Brutdauer beträgt um die 25 - 26 Tage. Ein bis zwei Tage vor dem Schlupf durchstößt das Küken mit dem Eizahn die Luftkammer im Inneren des Eis und folglich die Eischale. Seine Lungen atmen nun atmosphärischen Sauerstoff und es tankt noch einen Tag Kraft, ehe es all seine Energie bündelt und die Eischale ringsum durchbricht. Im letzten Schritt drückt das Küken mit seinem Körper beide Eihälften auseinander. Das Schlupfgewicht beträgt 6 – 8 g. Der gesamte Körper ist überzogen von weißem Flaum, der in den ersten 6 Lebenstagen am ausgeprägtesten ist. Danach fällt er aus und im Nest sitzen dicke, nackte Küken, die wohl nur Papageienliebhabern gefallen können. Zwischen der zweiten bis dritten Lebenswoche beginnen sich die Federkiele zu entwickeln. Sie durchstoßen die Haut zunächst an den Flügeln und am Schwanz, danach am Rücken, Bauch und Kopf. Diese kleinen Igel sind mit ihren großen Knopfaugen sehr niedlich anzuschauen! Nun verbringt auch das Weibchen wieder deutlich mehr Zeit außerhalb des Kastens, da die Jungen kräftig genug entwickelt sind, um ihre Körpertemperatur selbstständig und ohne Hudern des Weibchens aufrecht zu erhalten. Beide Elterntiere füttern die Jungen, wobei häufig das Männchen den größten Anteil übernimmt. Es werden große Mengen an Futter aufgenommen, was eine täglich mindestens zweimalige Versorgung der Tiere mit Frischkost bedeutet.

Sehr unterschiedlich fällt die Färbung des Kopfgefieders bei jungen Rostkappenpapageien aus. Das Orange ist durchzogen von mehr oder weniger vielen schwarzen Federn. Einige Tiere mögen bereits als Junge ein komplett orangefarbenes Kopfgefieder haben, wohingegen andere so viel Schwarz besitzen, dass sie einem Grünzügelpapagei zum Verwechseln ähnlich sehen! Mit

12 Stunden alter Grünzügelpapagei, Quelle: Janina und Meik Mees

den nachfolgenden Mauserungen verschwinden die schwarzen Federn zusehends, ebenso die noch gelblichen Federn im Bauchbereich und es erstrahlen die für *Pionites* typischen, plakativen Farben.

Beringung

Die Beringung der Jungvögel erfolgt im Alter von 10 - 16 Tagen. Hier hat die Anzahl der Jungtiere einen erheblichen Effekt auf das Beringungsdatum. Je weniger Jungtiere zu versorgen sind, umso kräftiger ist jedes einzelne davon entwickelt. Ich habe schon erlebt, dass ich ein 8 Tage altes Grünzügelküken, welches allein von seinen Eltern großgezogen wurde, nicht mehr geschlossen beringen konnte, da es schlichtweg zu fett war! Sofern die Elterntiere dies tolerieren, ist eine tägliche Nestkontrolle insbesondere zur Bestimmung des Beringungszeitpunktes daher sehr zu empfehlen.

Die Nestlingszeit der *Pionites* beträgt 65 - 75 Tage. Einige Tage vor dem Ausfliegen schauen die Jungen bereits neugierig aus dem Kasten. Es zeigen sich schon jetzt charakterliche Unterschiede der Jungvögel. Es gibt mutige Tiere, die möglichst schnell den Lebensraum außerhalb des Kastens erkunden möchten. Und es gibt die Nesthäkchen, denen die Kinderstube doch am gemütlichsten erscheint. Irgendwann jedoch gelingt es jedem, den Weg nach draußen zu finden. Der Kasten wird zum Schlafen und als Rückzugsort immer gern aufgesucht. Durch Imitieren der Eltern lernen die Kleinen, die Futterplätze aufzusuchen und zunächst weiches Futter zu probieren. Einige Jungvögel erweisen sich als sehr hartnäckig und möchten am liebsten auch weiterhin von den Eltern gefüttert werden. Diese werden irgendwann die Bettelversuche ihrer Nachkommen zusehends abwehren, so dass auch der faulste *Pionites* früher oder später den Futternapf für sich erobern wird.

Manche Brutpaare beginnen schon mit dem Ausfliegen der ersten Jungtiere erneut zu balzen und eine weitere Brut einzuleiten. Hier ist gutes Beobachten vonnöten, um aggressives Verhalten gegen die Jungen vermeiden zu können. Gegebenenfalls müssen diese zu ihrer Sicherheit schon recht früh aus der elterlichen Voliere umgesetzt werden. Zwei Bruten pro Jahr sind von gesunden und bestens versorgten Paaren durchaus problemlos zu stemmen. Auch in der Natur werden pro Jahr meist zwei Gelege produziert. Ebenso kommt es vor, dass ein Nachgelege produziert wird, weil sich Nesträuber über die Brut hermachen oder der Lebensraum zerstört wird. Mehr als zwei Bruten sollten es in menschlicher Obhut pro Jahr aber nicht sein. Ansonsten läuft man Gefahr, dass die Körperreserven des Weibchens zu stark angegriffen werden und es auf Dauer Schaden nimmt.

Geschlechterphänomen

Ein Phänomen bei der Zucht von Weißbauchpapageien ist die Verteilung der Geschlechter. Man würde davon ausgehen, dass die Natur ungefähr 50% weibliche und 50% männliche Nachkommen vorsieht. Die

Pionites überraschen uns allerdings dahingehend, dass es in der Regel deutlich mehr männliche Nachkommen gibt! Oder anderswo auf der Welt schlüpfen die zum Ausgleich nötigen Weibchen und niemand weiß davon...

Insgesamt kann man sagen, dass die Zucht von *Pionites* bei einem gut harmonierenden Paar relativ unproblematisch gelingt. Die Entwicklung der Jungen beobachten zu können, bereitet viel Freude. Mindestens genauso deren spielerisches Verhalten nach dem Ausfliegen, welches man in der Form sonst wohl nur von Keas kennt. Eben typisch „kleine Kobolde".

Über die Autorin

Die vogelkundige Tierärztin Carina Anthonj betreibt in Kuppenheim (Baden-Württemberg) ihre eigene Praxis. Von 2000 - 2006 studierte sie Tiermedizin an der Justus-Liebig-Universität in Gießen, verbunden mit Praxisaufenthalten im Loro Parque auf Teneriffa. Im Anschluss arbeitete sie in der Vogel- und Reptilienpraxis Karlsruhe bevor sie sich mit ihrer eigenen Tierarztpraxis niedergelassen hat. Carina Anthonj ist in der Zoologischen Gesellschaft für Arten- und Populationsschutz e. V. (ZGAP) sowie im Fonds für bedrohte Papageien engagiert.

Dieser flügge Pionites schaut neugierig in die Welt.,
Quelle: Carina Anthonj

Nachwort

Ich hoffe, dieser Ratgeber hat Ihnen gefallen und Sie haben sowohl einen lehrreichen als auch kurzweiligen Einblick in die Welt der Weißbauchpapageien erhalten. Sie durften erfahren, dass die Haltung der kleinen Clowns sehr anspruchsvoll ist, aber wer sich aus voller Überzeugung und mit ganzem Herzen auf sie einlässt, bekommt die besten geflügelten Familienmitglieder, die es gibt.

Ich darf an dieser Stelle einen lieben Menschen zum Thema „Bausatz für einen Weißbauchpapagei“ zitieren: „Man nehme ein bisschen Kobold und ein wenig Plagegeist, füge etwas Poltergeist, eine Schüppe Intelligenz und Liebenswertigkeit sowie eine kleine Prise Hinterhältigkeit hinzu, verrühre alles und heraus kommt ein Weißbauchpapagei.“

Abschließend möchte ich mich herzlich bei Karl Heinz Lambert, Thomas Arndt, Ulrike und Thorsten Rößler, Bianca Green, Gaby Schulemann-Maier, Andrea Ottemeier, Papageienzucht Schauberger sowie Janina und Meik Mees für die schönen Bilder bedanken, die für dieses Buch bereitgestellt wurden. Gaby Schulemann-Maier danke ich zusätzlich für die vielen freundschaftlichen Gespräche und die Hilfe bei der Vorbereitung für die grafische Gestaltung. Ein großes Dankeschön geht an die Tierärztin Carina Anthonj, die mein Buch durch ihren Zuchtbeitrag wertvoll vervollständigt hat. Susanne Rückemann ist eine herzliche und wunderbare Lektorin. Dem Arndt Verlag danke ich dafür, dass ich in der Gestaltung des Buches komplett freie Hand hatte und speziell Thorsten Gerke dafür, dass ich meine etwas unkonventionellen Ideen umsetzen durfte. Meinem Lebensgefährten danke ich für seine Geduld mit den Kobolden und last but not least dürfen Erna und Oscar natürlich nicht unerwähnt bleiben, die meine mentale Abwesenheit während des Schreibens ausgenutzt haben, um eine Menge neuen Unfug zu treiben.

Ein herzliches Dankeschön, Quelle: Diana Eberhardt

Gelbschenkel-Rostkappenpapagei Oscar am Tag des Einzugs
Quelle: Diana Eberhardt

Literaturverzeichnis

Arndt, Thomas (1990-1996, 2001): Lexikon der Papageien. Bretten

Asmus, Jörg (2015): Der Grünzügelpapagei, PAPAGEIEN, Ausgabe 4/2015, S. 116-122

Brendieck-Worm, Cäcilia, Klarer, Franziska, Stöger, Elisabeth (2018): Heilende Kräuter für Tiere. Bern

Bürkle, Marcellus, Kostka, Veit (2010): Basisversorgung von Vogelpatienten. Hannover

Bundesamt für Justiz (BfJ) (Hrsg.), Bundesministerium der Justiz und für Verbraucherschutz (BMJV) (Hrsg.) (1972): Tierschutzgesetz (TierSchG). Bonn, Berlin

Bundesamt für Justiz (BfJ) (Hrsg.), Bundesministerium der Justiz und für Verbraucherschutz (BMJV) (Hrsg.) (2005): Verordnung zum Schutz wild lebender Tier- und Pflanzenarten (Bundesartenschutzverordnung - BArtSchV). Bonn, Berlin

Bundesministerium für Ernährung und Landwirtschaft (BMEL) (Hrsg.) (1995): Gutachten der Sachverständigengruppe über die Mindestanforderungen an die Haltung von Papageien. Berlin

Dühr, Doris (1999): Notfallhilfe für Papageien und Sittiche. Bretten

Eberhardt, Diana (2017): Beschäftigungstipps für Weißbauchpapageien (Teil 1), Wellensittich & Papageien Magazin, Ausgabe 1/2017, S. 6-11

Eberhardt, Diana (2018): Human Enrichment, Wellensittich & Papageien Magazin, Ausgabe 1/2018, S. 18-23

Eberhardt, Diana (2018): Beschäftigungstipps für Weißbauchpapageien und andere Krummschnäbel (Teil 8), Wellensittich & Papageien Magazin, Ausgabe 6/2018, S. 48-49

Künne, Hans-Jürgen (2000): Die Ernährung der Papageien und Sittiche. Bretten

Kummerfeld, Norbert (2018): Vergiftungen durch Antihaftbeschichtungen bei kleinen Ziervögeln, PAPAGEIEN, Sonderheft Ernährung, S. 65-67

Lambert, Karin, Lambert, Karl-Heinz (2010): Rostkappenpapageien in Peru, PAPAGEIEN, Ausgabe 5/2010, S. 171-174

Low, Rosemary (2003): CAIQUES. České Budějovice

McMichael, John C. (2010): Caiques: Their Care, Breeding and Some Natural History. Minneapolis

Pfeffer, Franz (2018): Grünzügelpapageien, Gefiederte Welt, Ausgabe 9/2018, S. 14-17

Rodendale, Roger (2017): Caique Parrot. Caiques as pets. Caique Keeping, Care, Pros and Cons, Housing, Diet and Health. Wroclaw

Schnabl, Hermann (1998): Vogelfutterpflanzen. Bretten

Wolf, Petra (2018): Samen und Saaten für Papageien, PAPAGEIEN, Sonderheft Ernährung, S. 6-11

Wolf, Petra (2018): Extrudate/Pellets oder Sämereien – was ist das richtige Futter? PAPAGEIEN, Sonderheft Ernährung, S. 18-20

Wolf, Petra (2018): Zur Vitaminversorgung von Papageien, PAPAGEIEN, Sonderheft Ernährung, S. 52-57

Wolf, Petra (2018): Flüssigkeitsaufnahme bei Papageien, PAPAGEIEN, Sonderheft Ernährung, S. 78-81

Würth, Volker (2001): Kleine Kobolde mit weißem Bauch, Wellensittich & Papageien Magazin, Ausgabe 3/01, S. 18-20

Würth, Volker (2013): Obst, Gemüse und exotische Früchte für Papageien und Sittiche. Bretten

Impressum

Eberhardt, Diana
Haltung von Weißbauchpapageien
Praxisbuch für das Leben mit Grünzügelpapageien & Rostkappenpapageien

Titelfotos: zweites Foto vertikal von oben von Janina und Meik Mees, alle anderen Fotos von Diana Eberhardt

1. Auflage (2019)
Arndt-Verlag e. K., Bretten
ISBN:978-3-955440-48-3

Gesamtgestaltung: Birgit Bautz-Schäfer
Lektorat (fachlich, sprachlich und Endlektorat): Susanne Rückemann

Gedruckt in Deutschland, Druckerei WMD Backnang

Für Ihre Notizen